4D PRINTING

Industrial, commercial and social changes in the era of intelligent manufacturing

4D打印

智能制造时代的工业、商业与社会变革

水木然　慕千里◎著

机械工业出版社
CHINA MACHINE PRESS

4D 打印是增材制造技术的最新进展，在 3D 打印的基础上增加了时间维度。借助 4D 打印技术，产品可在特定情境下随特定外界刺激实现自动形变、自动修复、自动组装。本书介绍了 4D 打印技术的最新进展和应用前景，并从经济角度出发，结合历史、现实与未来，对智能制造时代的工业、商业与社会变革进行了展望，对以 4D 打印为最前沿的技术革新给未来工作与生活、产业与商业带来的深远影响进行了详细分析。

图书在版编目（CIP）数据

4D 打印：智能制造时代的工业、商业与社会变革/
水木然，慕千里著. —北京：机械工业出版社，2016.1
　ISBN 978 - 7 - 111 - 52944 - 6

Ⅰ.①4… Ⅱ.①水… ②慕… Ⅲ.①立体印刷-印刷
术-普及读物 Ⅳ.①TS853 - 49

中国版本图书馆 CIP 数据核字（2016）第 026500 号

机械工业出版社（北京市百万庄大街 22 号　邮政编码 100037）
责任编辑：刘林澍　　　　责任印制：李　洋
版式设计：张文贵
三河市宏达印刷有限公司印刷
2016 年 3 月第 1 版·第 1 次印刷
145mm × 210mm·6.75 印张·1 插页·111 千字
标准书号：ISBN 978 - 7 - 111 - 52944 - 6
定价：35.00 元

前　言

万事万物，周而复始。这个世界有它自己的客观规律，人类自诞生以来就不断地去适应和探索，力争摸清规律，顺势而为。直到 4D 打印的出现，人类开始"修改"世界。

为什么这样说呢？

或许科技才是这个时代最好的信仰，它的革命性成果总会让我们瞠目结舌。

2D、3D、4D，看起来像个等差数列。2D 打印，即在平面上打印，最早是由中国人发明的，印刷术是中国四大发明之一，直到现在我们还经常使用 2D 打印，比如在纸上打印文档或简历；新兴的 3D 打印则是在 2D 打印的基础上加上了一个立体的维度，可以打印立体的物体；而 4D 打印增加的这个"D"代表的是时间，即打印出来的物体增加了一个"时间维度"。4D 打印能够打印出随时间变化而变化的物体，这个物体可以适时而变。

从 2D 到 3D 是量变，而从 3D 到 4D 却是质变，为什么这么说呢？这是因为 3D 物体是静态的，需要人工控制，而 4D 物体能够自动对环境做出反应，自行组装、修补或变形。4D 打印将人类制造业扩展至时间维度上。它通过使用对热量、水或者压力敏感的特殊材质来生产增材制造产品，这些产品即使从 4D 打印机中生产出来很久了，也还能依据环境情况采用非常具体、有目的的方式自动改变形状。在某些情况下，有些物品甚至能恢复到它们原来的形状。这些都属于第四度空间的制造业大革命——打印根据编程随时间而变化的物体。

时间维度

时间维度，这个词看起来好像很熟悉。记得牛顿的经典力学吗？经典力学可以反映出三维空间里所有低速物体的运动规律，在爱因斯坦诞生以前，这就是普世真理。但后来爱因斯坦认为，世界并非我们原先所认识的世界，它其实是由空间和时间构成，即：时空，比原来的三维空间的长、宽、高三条轴外又多了一条时间轴，于是真理又前进了一步，这就是"时间维度"的革新之处。

很多科幻电影里的场景正在逐一实现。一根拐杖在下雨的时候就变成了雨伞；房屋建筑可以自动"长"出屋顶、承重墙；在《变形金刚》里，一辆汽车可以瞬间变成机器人……

3D 打印方兴未艾，4D 打印渐行渐近，未来已来！在我们还在为 3D 打印惊叹之际，殊不知 4D 打印正在酝酿时机，以待一鸣惊人。美国陆军已经利用 3D 打印技术研发用于阿富汗前线的新装备，而 4D 打印技术可以让军方制造出能适应各种地形的车辆，或能发现有毒气体的制服。

美国"神经系统"（Nervous System）设计工作室利用增材制造技术制作成世界上首件 4D 打印连衣裙。"神经系统"设计工作室声称，这件 4D 连衣裙通过 3 316 个连接点把 2 279 个打印块连在一起，堪称为模特量身定制。

每个人都是一台 4D 打印机

其实每个人都是蛋白质分子按照基因密码的预先设定，组合形成各种细胞和组织，最后靠"4D 打印"完成的"作品"。我们的每一条染色体所蕴藏的基因密码，便是我们这个"产品"最原始的设计程序编码；而我们这一生的成长过程，也就体现着人类这个 4D 打印物在时间这个第四维度基于环境的"催化"而发生的组织变化。

我们已经开始利用 3D 打印的心脏、肢体骨架等对人体衰老病变的器官进行替换。4D 打印的出现，无疑将给我们带来更多可能的优化方案，如心脏支架的更换，将不再需要"动刀"。对 DNA 的编辑将给人类永葆健康的梦想打开一扇窗户，而 4D 打印将是打开这扇窗户的一把金钥匙。

4D 打印的市场规模预计到 2019 年将达到 6 300 万美元，而到 2025 年，4D 打印市场规模预计将达到 5.556 亿美元，凑巧的是，《中国制造 2025》规划也将在这一年完成。

那么，4D 打印究竟会从哪些方面革新传统制造业呢？

1. 大幅降低制造成本

随着产品精密度的提高，传统制造业的成本会随着部件的复杂程度同比例上涨。而对于 4D 打印技术来说，产品结构的复杂程度与制造成本不再有直接关系，4D 打印对整体产品不同部件进行的一体化打印，以及可变形自组装的产品特征将让组装成本化整为零，这可以最大限度地降低产品的生产制造成本。

2. 个性化制造更容易

在传统制造技术条件下，小批量订制的成本一直居高不下，更别说私人订制了。随着 4D 打印技术的成熟，私人订制的成本会变得低廉。因为在传统制造中被认为是很复杂的结构、工艺，在 4D 打印面前都将变得简单，尤其体现在成本不会随部件的复杂程度而波动。

3. 产品自动组装

4D 打印的产品将不再需要厂家或用户自行组装。厂商根据用户的需要，将所制造的产品运送到指定地点放置好后，用户在需要的时候直接给予介质触发，打印物就会实现自动组装，这就取代了当前依赖于人力进行组装搭建或拆解的传统方式，极大程度地降低人力成本。

4. 零库存

传统制造业无法避免地会遇到产品库存问题，而4D打印将有效缓解这个难题。厂家根据消费者的想法随时提供产品设计、打印制造的服务，做到"即买即造、即造即销"，真正取代传统的库存销售方式。

5. 创意为王

在传统制造业里，设计师最大的痛苦就是创意很"丰满"，而现实制造却很"骨感"。利用4D打印技术，只要设计师能描绘出来的创意构想，都能不折不扣地得到实现，真正做到让设计师创意设计的价值获得充分体现。与3D打印的预先建模然后使用物料成型并不一样，4D打印直接将设计内置到物料当中，简化了从"设计理念"到"实物"的创造过程。让物体如机器般"自动"组装，不需要连接任何复杂的机电设备。

6. 降低制造专业性和人才流失的风险

传统制造业总是依赖技术熟练的工人，这就存在所培养的人才流失的风险。而4D打印技术可以大大降低对于复杂制造部件的专业技能要求，并且可以帮助制造者承担相当一部分的"高难度"工艺制作，从而有效降低制造的专业门槛和人才流失的风险。

7. 简化制造环节

传统制造业的产品通常由多个零部件组装而成，而不同零部件则需要不同的设备为其配套制造，这就牵扯到分包和管理成本。4D打印只需一台打印机，根据不同的材料以及用户所设定的不同部件形态直接打印不同的部件或整体产品。打印生成的部件或产品还可以通过自我驱动进行组装。

8. 不良产品生产率将成为过去式

不良产品生产率是决定着传统制造企业经济效益的关键指标。在4D打印时代，不良产品生产率这个名词将走向历史的终结，而决定着产品能否满足用户需求的关键将被转移至设计端。也就是说未来决定产品是否合格的关键要素不再是制造环节，而是设计环节：一切将由设计师来决定。

不过，4D打印技术还有不少瓶颈需要突破。首先是"催化剂"的问题。在现有的4D打印实验以及一些4D打印技术研发项目中，所有触发变形材料变形的"催化剂"都是水。水作为"催化剂"虽然很常见，成本也很低，但4D打印技术要想进一步普及，就必须开发出更多的"催化剂"，比如声、光、电、热，并对应产品的使用情境，这样4D打印的适用范围才能足够大。

目　录

第 1 部分

4D 时代

  3D 打印，当下势头最劲的新技术之一，已经历了从概念到流行、从流行到产业化运作的阶段。像航天零件、医学假肢、房子、车子，甚至手枪，仿佛世界上任何东西都可以通过 3D 打印机打印出来。正当大家还在为 3D 打印技术的伟大创举欢欣雀跃时，2013 年在美国举行的 TED 大会上，来自麻省理工学院的蒂比茨团队已经向世人展示了其 4D 打印的初步技术。

  没错，这个时代变化就是那么快！你稍不留神，就可能错过一次革命！

  什么是 4D 打印？什么又是 2D、3D 打印？它们之间究竟是什么关系？

  按通俗的理解，2D 打印是二维打印，即我们平常所说的印刷，就是让信息在一个平面上得以体现；而 3D 打印是三维打印，打印出来的物品是一个有体积有结构的立体物件；4D 打印则是在之前 3D 打印的基础上再加上一个维度——"时间"，让打印出来的物品自己会变化，比如能自我组装成为一个成品、能根据外部环境变化自我变换形状、能自我修复已经损坏的部件等。而且，这些改变并不是人为控制的，产品从 4D 打印机里一出来就有了自主变化的能力。这样看起来，我们像不像一个"造物主"呢？

第1章
让大家成为"上帝"

小故事

　　很多人都看过漫画《七龙珠》吧，还记得其中的"万能胶囊"吗？对，就是那种可以随身携带的小容器。每次扔出去，"嘭"的一声后，就能瞬间变形成五花八门的现代化工具，如房屋、摩托车，甚至飞机等。几年前，若是有人告诉你这个"万能胶囊"或许会在不久的未来成为现实，你肯定以为他是在开玩笑。

　　现在，借助最新的4D打印技术，给物体添加"时间"维度，让它们变得拥有"智能记忆"功能，在特定时间、特定条件下自动"变形"为预先设定的形态已逐渐成为现实。

一、4D打印技术诞生成长

　　2013年，在洛杉矶TED（技术、娱乐、设计）大会上，来自麻省理工学院的蒂比茨团队展示了首款 4D 打印产品，该 4D 物体外形就像一根管子由数层塑料制成，外加一层"智能"材料，该"智能"材料能够在吸水时变形，让产品自动变成一种理想的形状。

2014 年，美国科罗拉多大学波德分校力学工程系副教授杰瑞·齐和新加坡技术与设计大学的马丁·杜领导的科研团队将拥有"形状记忆"能力的聚合纤维混入传统 3D 打印技术使用的复合材料中，制造出可以像"变形金刚"一样变换出各种形状的复合材料。马丁·杜表示："我们制造出了可以基于不同的物理力学原理自动变形的复合材料，从而对蒂比茨的 4D 打印概念进行了扩展，使用'形状记忆'复合纤维赋予复合材料令人满意的形状变化，其中的关键在于纤维的设计架构，包括其位置、方位等。"

二、4D 打印不是 4D 电影

在翻阅 4D 打印相关材料时，我们曾发现起初大家想象中的 4D 打印，是指在立体印刷的基础上加入动感、嗅觉、听觉等多方位的人体感受。这是不是很像"4D 电影"？百度百科对于"4D 电影"的定义是"四维电影"，即将震动、吹风、喷水、烟雾、气泡、气味、布景、人物表演等特技效果引入 3D 立体影片中，从而形成一种独特的表演形式。

其实这种理解是不对的，按照蒂比茨给出的定义，4D 打印就是借助软件在打印材料中设定模型和时间程序，以使材料在指定时间或刺激作用下变形为所需的模型。

三、4D 打印的核心关键点

（一）增材制造技术

增材制造技术，又称快速成型技术，是近 20 年来信息技术、新材料技术与制造技术多学科融合发展的先进制造技术。增材制造依据 CAD 数据逐层累加材料的方法制造实体零件。其制造原理是材料逐点累积形成面，逐面累积成为体。增材制造技术可以制造出任意复杂形状的三维实体，最近发展的智能材料 3D 打印技术使制造任意复杂形状的智能材料结构成为可能。

（二）可编程材料（Programmable Matter，PM）

综上所述，4D 打印最关键的核心在于材料，这些材料必须是智能材料，具有可模仿生物体的自增殖性、自修复性、自诊断性和环境适应性等特点。据了解，各界认为 4D

打印所需要的智能材料一般包括电活性聚合物、形状记忆材料、压电材料、磁致伸缩材料等。

（三）催化剂

除了智能材料外，4D 打印还有另一项非常关键的决定性因素，即要有能够触发 4D 打印产品自我组装或自我形变的"催化剂"。这些"催化剂"不仅仅包括水，根据不同的智能材料，还可能包含光、热、声音、震动、气体，甚至是电磁场。

也就是说，通过软件设定好模型后，在特定环境下，无需人为干预，无需额外提供能量，4D 打印生产的智能产品便可按照事先的设计，在规定的时间内进行自我组装。

或许要不了多久，利用 4D 打印技术，科幻电影中的场景就会逼真地发生在我们身边：一根拐杖在下雨的时候就变成了雨伞；房屋建筑可以自动"长"出屋顶、承重墙等。

四、颠覆造物模式

（一）实现"造物动态变化"

本质上，4D 打印的技术原理是建立 3D 打印技术之上的，4D 打印技术应该是 3D 打印技术的衍伸（见图 1 - 1 - 1 所示）。两者均预先设定模型的样式和特点，4D 打印将依据一定的程序或者材质特性，应用特定的打印材料和结构设置，赋予产品在特定环境下自行形变等潜能，实现造物的目的。

图 1 - 1 - 1　3D 打印、4D 打印逻辑关系

3D 打印的特点是用相应的材料，按照程序完全复制模型，其输出的对象是固定的、静态的；而 4D 打印的特点是在特定的条件下，物体会"自动"变化，这些变化不需要任何组装设备与人员劳作，而是根据前期设定的条件有序地进行。

目前的 4D 打印材料不仅依靠 3D 打印的模型基础，还需要外部环境来刺激内在的变化。前文提到的在 2013 年 TED 大会上展示的 4D 打印产品的基础原料是通过 3D 打印而产生的，相应的展示也需在水中完成，因为其应用的"智能"材料需要利用水作为能量刺激来源，以此带来形状的改变。

（二）4D 颠覆"传统造物模式"

4D 打印直接将设计内置到物料当中，简化了从"设计理念"到"实物"的创造过程，让物体如机器般"自动"创造，不需要连接任何复杂的设备，颠覆了传统制造业"先模拟后制造"或"一边建造一边调整模拟效果"的造物方式。

五、引发军方关注

在新科技的应用方面，不得不承认美国军方反应神速。

2013 年，距离 4D 打印技术首次亮相仅半年时间，美国陆军就宣布，已拨款 85.5 万美元用于开发 4D 打印技术。军方将款项拨给了美国匹兹堡大学、哈佛大学和伊利诺伊大学的 3 个研究小组。

如果说 3D 打印技术方兴未艾，那么 4D 打印则实实在在处于概念阶段，美国军方为何就已迫不及待地对此领域进行投资呢？

想象一下，一件用 4D 打印技术制成的作战服，它能在不同的环境下变换出不同的迷彩色，甚至可能通过折射光线来让士兵们隐身；而如果拥有了能根据环境改变属性的钢材，那也将大大提高坦克的性能。

此外，美国海军已开始在军舰上测试利用 3D 打印技术制造的弹药和无人驾驶飞机（UAV），但这项技术推广应用的一大障碍就是组装：打印出 3D 组件本身并不困难，但要将它们组装到一起则需要大量人力。而 4D 打印技术则有望通过特殊的打印技术和材质制造出能自行组装的部件。

另外，利用 4D 打印技术有望开发出类似"万能胶囊"一样的帐篷，平时可折叠存放，需要时只要接触水便膨胀变成一顶完整的帐篷；利用 4D 打印技术还可能开发出能够自动修复的防御工事、桥梁、公路等。

六、4D 打印的初步应用设想及挑战

随着"可编程材料"的出现，未来产品的属性和工艺已经发生了根本改变，产品将以一种全新的装配方式出现在人们面前，根据使用者的需求做出相应的调整。另外，产品的适应性会更加突出，将感知环境的变化（如湿度、温度、压力、高度、声音等），根据周围环境的变化进行自我重新配置。当这些"可编程"产品受损或出现故障时，物体本身会进行误差纠正和自我修复，以满足新的需求。

使用完成后，其亦可自行拆卸，人们只需将其回收，还原为基础材料循环利用即可。

（一）4D 打印的初步应用设想

前言中已经讲到，2D 打印技术是让信息在一个平面上得以表现；3D 打印则增加了一个维度，可以打印立体的物体；而 4D 打印增加的这个"D"代表的是时间。4D 打印能够打印出随时间变化而改变的物体，这个物体可以适时而变。

目前研究的重点是将 4D 打印技术应用于公共设施、军用设备、仓储物流、生物医疗等方面。

1. 公共设施

以管道系统为例，除内含昂贵的马达和阀门之外，水管有固定的流速，而且整套系统都被埋在地下，如果环境发生变化，需要变动水管系统时，我们需要将它们全部挖出来，再重新建造水管系统。

若 4D 打印技术应用于水管系统，通过增大或缩小管道的内径来改变容量或流量，可以省去很多麻烦。而当地下水管破损的时候，则可通过感知环境变化进行自我修复，这样可大大降低资源浪费和人力消耗。

2. 军用设备

前文已经提到 4D 打印技术在作战服装制作上的可能应

用，除此之外，还有着更广泛的应用潜能。

美国已经成功地运用 3D 打印技术制造出军工部件，但是把这些部件组装成一件件完整的军事用品则需要大量的人力，而采用 4D 打印技术制造出的这些部件即可实现"自行组装"。飞机部件若用 4D 打印技术制作，一旦被敌人的炮火击中，损害的部件会快速脱离飞机，然后"再生"出新的部件，从而免于坠毁。防御工事的外罩若用 4D 打印技术制成，受到炮火袭击后即使有"裂痕"，外罩也可自行弥合，使防御工事坚固如初。

3. 仓储物流

在物流行业，借助 4D 打印技术生产的自主封装物品，可大大减少运输仓储过程中成品体积所占用的空间，这无疑将带来巨大的经济效益。

4. 生物医疗

4D 打印有利于新型医疗植入物的发明，比如心脏支架，如果采用 4D 打印技术制造，安装时不需要给病人做开胸手术，可往血液循环系统中注射入携带设计方案的智能材料，待其到达心脏指定部位后将自行组装成支架。

"畅想"4D 打印时代癌症的 N 种治疗方案

前期，有外媒报道，美国国防部拨款 850 万美元，支持美国西北大学国际纳米技术研究所进行 4D 打印机的研究与开发，该设备将能够实现纳米尺度下的操作，伴随着纳米技术与数字化制造在四维空间研发的深入，4D 打印物体凭借其自组装和变形的能力，将可以进入非常微小的空间进行"工作"，这将引领 4D 打印在生物医疗领域，尤其是癌症治疗方面的应用与发展。

4D 打印人体"卫士"

在纳米技术的支持下，4D 打印的非治疗型纳米机器人将扮演人体"卫士"的角色，在人体内进行 24 小时无休止的巡逻工作。

人体"卫士"一方面可以及时地对体内，尤其是血管内的残余"垃圾"进行清扫，并随着新陈代谢排出体外；另一方面，也更为重要的是，可以及时发现有癌变潜质的细胞，并于第一时间发出预警或直接将癌变细胞扼杀在"摇篮"里，以保障体内环境的稳定与和谐。

4D 打印"抗癌物"

鉴于 4D 打印物在一定催化剂作用下可以发生自变形，我们可以在抗癌药物研发的过程中，有针对性地将不同种类的癌细胞设置为触发 4D 打印"抗癌物"变形的介质源。当 4D 打印"抗癌物"在人体内遇到癌细胞的时候，会自动触发变形功能，直接将癌细胞吞噬或释放所携带药物将其消灭，并在任务结束后通过自行分解随人体代谢排出体外。

作为癌症治疗的一个重要研究方向，4D 打印抗癌物甚至可以将癌症治疗的工作做到防患于未然。

4D 打印"器官支架"

4D 打印物体凭借其自变形的能力，可以在微小空间里发挥无限的潜能。在癌症治疗的过程中，我们可以通过 4D 打印器官或支架对被破坏的细胞与组织体进行替换或修复。

4D 打印"人体皮肤"

日前，荷兰的科学家已经实现用干细胞作为"墨水"制作 3D 生物打印人类皮肤，这也开启了 4D 打印人体皮肤的序幕。依托于可编辑材料的自变形特性，充分融合了个体肤质变量的 4D 打印皮肤，在应用于替换癌变或灼伤的人体皮肤过程中，将实现最大程度的契合，这将大幅提升皮肤癌或其他皮肤病患者的治愈率。

4D 打印"活组织植入物"

据报道，墨尔本的研究人员已经找到一种方法来生成患者"自己的"软骨，用于治疗癌症和更换损坏的软骨组织。在此基础上，科学家可以通过可编辑材料，在编辑的过程中融入人体 DNA 链上的基因参数，在此基础上通过 4D 打印生成的活组织植入物，将最大限度地降低人体的排异反应。万一出现不良反应，植入物还可以依据人体内的实际环境状况进行变化，以调整最佳方案适用于人体。

4D 打印"医疗器械"

癌症治疗既是救命的过程，也是"要命"的过程，因为现代医疗在通过放射性治疗杀死癌细胞的过程中，也杀死了很多对人体有用的健康细胞。在此类治疗过程中，如果能对癌细胞进行隔离，进行更精准的放射区域定位，从而有效地杀死癌细胞而不对人体造成附带的损伤，对于提升癌症治疗的成功率是非常有帮助的。

4D 打印的放射性治疗辅助护具等医疗器械对癌症治疗将发挥积极的作用。这些 4D 打印的医疗器械可以借助微小的体积进入人体内部，根据人体不同部位的生存环境而产生变形，有效地隔离癌细胞并对健康区域进行保护，让癌症治疗变得"无害"，这对于一些重要器官或脆弱区域的肿瘤治疗，将显得更为重要。

（二）目前 4D 打印面临的挑战

然而，4D 打印在发展过程中也遇到了各种问题，国外一些学者和专家总结出 4D 打印在技术和安全方面大致面临着以下挑战（见表 1-1-1）。

表 1-1-1　4D 打印在技术和安全方面面临的挑战[一]

挑战		具体内容
技术挑战	设计	我们如何编制未来的软件来辅助打印多尺度、多元化和动态的组件
	材料	我们如何设计生产具有多功能属性和嵌入式逻辑功能的材料
	能源	我们如何生成、存储和使用丰富的能源来激活单个像素点和体素
	电子	我们如何有效地在亚毫米尺度嵌入可控制电子或者类电子物质
	编程	我们如何在物理和数字化两个层面上对单个体素点进行编程和通信？我们如何对状态变化进行编程（3 个以上物理形态的变化）
	适应能力	我们如何计划和设计环境响应体素
	组装	我们需要什么外力进行体素大规模自组装
	标准化	如何创建标准化体系（如 ISO）以确保体素和系统的无缝交互
技术挑战	认证	PM 系统可以通过正常渠道认证，还是需要建立全新的认证（如飞机零部件，需要严格的 FAA 认证）
	物理和网络安全	我们如何将功能材料嵌入到对象，同时确保它们是安全的
	经济成本	对于小型和大型制造商来说，PM 系统的常规生产在经济上可行吗
	特征	我们如何描述体素的动态系统？需要新计量设备吗
	循环	我们如何确保 PM 系统在重新利用和自我修复时能够拆卸和重新配置

[一]　来源：赛迪智库

（续）

	挑战	具体内容
安全挑战	国家安全	互联网和社交媒体已经在虚拟世界中创造了凌驾于政府管制之外的不断扩大的活动领域，设想现实世界的实物能够自由变化，而政府难以预测，则会对国家安全造成潜在威胁
	知识产权	知识产权保护或将变得极为复杂，由于产品轻易转变为其他形态，从而直接对更多产品线造成挑战

目前有关 4D 打印技术的相关文献还很少，受当前 3D 打印机、可编程材料以及技术成熟度等因素影响，4D 打印技术仍停留在实验室阶段，尚不具备大规模应用的可能，4D 打印技术从飘在云端的概念到真正实现产业化，有赖于复合材料、软件编程等相关技术的快速发展。

作者点评

各位读者已经对 4D 打印有了一个初步的概念性了解，您也许会想到以下两个问题：

1、既然有 4D 打印，那么什么是 2D 打印和 3D 打印？

2、2D 打印、3D 打印、4D 打印之间有什么样的关系？

作者将在下面的章节为您详细解答以上问题。

第2章

2D 打印：中国奉献世界的印刷术

小故事

公元 1041—1048 年，平民出身的毕昇用胶泥制字。首先把胶泥做成四方长柱体，一面刻上单字，再用火烧硬，使之成为陶质，一个字为一个印，排版时先预备一块铁板，铁板上放松香、蜡、纸灰等的混合物，铁板四周围着一个铁框，在铁框内摆满要印的字印，摆满就是一版。然后用火烘烤，将混合物熔化，与活字块结为一体，趁热用平板在活字上压一下，使字面平整。便可进行印刷。用这种方法，印两、三本谈不上什么效率，如果印数多了，几十本以至上千本，效率就很高了。为了提高效率常用两块铁板，一块印刷，一块排字，印完一块，另一块又排好了，这样交替使用，效率很高。常用的字如"之""也"等，每字制成 20 多个印，以备一版内有重复时使用，没有准备的生僻字，则临时刻出烧制。从印板上拆下来的字，都放入同一字的小木格内，外面贴上按音韵分类的标签，以备检索。

这就是我国宋代毕昇发明活字印刷术的故事，相信大家小时候都听过，但小时候的我们肯定没有想过我国的印刷术给世界文明带来过什么样的改变。

一、印刷是一种信息复制过程

印刷是将文字、图画、照片、标志等原稿，经制版、施墨、加压等工序，使油墨等色料转移到纸张、织品、塑料品、皮革等材料表面上，实现批量复制原稿内容的技术。

简单地说，印刷就是使用色剂/色料（如油墨）将模拟或数字的图像载体上的信息转移到承印物上的复制过程，这就是我们传统意义上的"2D 打印"。

二、印刷改变人类社会命运

印刷的出现，改变了以往知识信息"散、断、杂"现象，促成了知识大一统局面的出现。

（一）方便知识传承

印本的大量生产，使书籍留存的机会大大增加，减少了手抄本因收藏有限而最终灭失的可能性。

（二）推动知识统一

印刷使版本统一，减少了手抄本带来的各种不同解读的差异问题，使读者养成一种系统的思维方法，并促进各种不同学科组织的结构方式得以形成。

（三）加快知识普及

印刷术结束了少数人对知识的垄断，对克服愚昧和迷信起了决定性作用，马丁·路德曾称印刷术为"上帝至高无上的恩赐，使得福音更能传扬"。

（四）促进民族统一

印刷术使各种出版物的词汇、语法、结构、拼法和标点日趋统一，促进各民族文化的发展、民族意识的建立和民族主义的产生。

（五）改变社会地位

印刷促进了教育的普及和知识的推广，提高了人们的识字率、阅读和书写能力，为一些想积极进取的人们改善其社会地位、社会处境提供了机会。

三、印刷加快人类社会发展

印刷术发明之前，人类也在不停地发展，但是受限于知识学习和传播的效率，发展速度十分缓慢，例如，原始社会经历了几十万年，奴隶社会也经历了几千年，而封建社会的持续期则短得多。可以说，印刷术的发明是人类文明史上的光辉篇章，建立这一伟绩殊勋的莫大光荣无疑属于中华民族。

（一）印刷术在中国的发展简史

自汉朝发明造纸术以后，书写材料比起过去用的甲骨、简牍、金石和缣帛要轻便、经济多了，但是抄写书籍仍旧非常费工，远远不能适应社会的需要。东汉末期的熹平年间（公元172年—178年），出现了摹印和拓印石碑的方法。大约在公元600年前后的隋朝，人们从刻印章中得到启发，发明了雕版印刷术。宋仁宗庆历年间（公元1041年—1048年），毕昇发明活字印刷术，完成了印刷史上一项重大革命。

（二）印刷术在世界的传播路线

中国是印刷术的发源地，很多国家的印刷术或是由我国传入，或是由于受到中国的影响而发展起来。中国印刷术的向外传播，主要分为"向东"和"向西"两条路径。

1. 向东传播

日本是继中国之后最早发展印刷术的国家，公元8世纪日本就开始使用雕版印佛经了。

朝鲜的雕版印刷术也是由中国传入的，高丽穆宗时（公元 998 年—1009 年），朝鲜开始印制经书。

木活字印刷术大约在 14 世纪传入朝鲜、日本，另外，朝鲜在木活字的基础上创制了铜活字。

2．向西传播

中国的雕版印刷术经中亚传到波斯（今天的伊朗），波斯成了中国印刷术西传的中转站，大约 14 世纪由波斯传到埃及，直到 14 世纪末欧洲才出现用木版雕印的纸牌、圣像和学生用的拉丁文课本。

活字印刷术也由新疆经波斯、埃及传入欧洲，1450 年前后，德国的古登堡受中国活字印刷的影响，用铅合金制成活字，用来印刷书籍。

（三）印刷术——"资产阶级发展的必要前提"

印刷术打破了欧洲教会长期垄断知识信息的愚民政策，改变了原来只有僧侣才能读书和接受较高教育的状况，从此福音真理不再为少数人所专有，而为普通大众所能学习和理解。

印刷术瓦解了口头传播为主的势力结构，中心力量开始分散，促进私人产权制度的形成，推动人性的解放，促使人们对于金钱利润的追求。

随着印刷术日趋完善，除了印刷书籍以外，各种新的印刷品不断涌现，如地图、报纸、杂志等，更大范围地扩大了知识的受众面，进而加速了欧洲社会发展的进程，为文艺复兴的出现提供了条件。

马克思因此把印刷术、火药、指南针的发明称为"资产阶级发展的必要前提"。

作者点评

印刷最原初的目的仅仅是信息传递，而 4D 打印技术虽然离不开模型文件等信息载体，其本质却是生产制造，这可能是两者的最大区别。

第 3 章

3D 打印：从创造"集中"到创造"发散"

小故事

> 相信大家都看过电影《十二生肖》，其中的一个镜头应该让你很有印象，由成龙扮演的杰克戴着神奇手套，借助手套上若干传感器，将兽首抚摸一遍后，数据传输给基地的 3D 打印机，一个一模一样的兽首瞬间复制而出。
>
> 当时包括笔者在内的很多人都以为这是虚构的，其实这就是本章提到的 3D 打印技术。

一、3D 打印，扩散"创造权力"

简单地说，3D 打印是"增材制造"技术的一种，它是一种以数字模型文件为基础，运用粉末状金属或塑料等可粘合材料，通过逐层打印的方式来构造物体的技术。

3D 打印技术的出现，笔者认为最大的意义是开始将原本掌握在少数人或者少数企业手中的"设计和创造"的权力发放给尽可能多的普通人。

二、3D 打印，原来"由来已久"

(一) 3D 打印机基本原理

3D 打印机主要参照了日常生活中普通打印机的技术原理，因为分层加工的过程与喷墨打印的工作原理基本相同，只是打印材料有些不同：普通打印机的打印材料是墨水和纸张，而 3D 打印机内装有粉末状金属或塑料等不同的增材制造原料。

(二) 3D 打印大事记

3D 打印技术并不是一种全新的技术，其实早在 20 世纪 80 年代就已经得到发展和推广，到现在这种技术已有 30 多年的发展历史，主要大事记如下：

1986 年，Charles Hull 开发了第一台商业 3D 打印机。

1993 年，麻省理工学院获 3D 打印技术专利。

1995 年，美国 ZCorp 公司从麻省理工学院获得唯一授权并开始开发 3D 打印机。

2005 年，市场上首台高清晰彩色 3D 打印机 Spectrum

Z510 由 ZCorp 公司研制成功。

2010 年 11 月，世界上第一辆由 3D 打印机打印而成的汽车 Urbee 问世。

2011 年 6 月，全球第一款 3D 打印的比基尼发布。

2011 年 7 月，英国研究人员开发出世界上第一台 3D 巧克力打印机。

2011 年 8 月，南安普敦大学的工程师们制造出世界上第一架 3D 打印的飞机。

2012 年 11 月，苏格兰科学家利用人体细胞首次用 3D 打印机打印出人造肝脏组织。

2013 年 10 月，全球首次成功拍卖一款名为 "ONO 之神" 的 3D 打印艺术品。

2013 年 11 月，美国得克萨斯州奥斯汀的 3D 打印公司 "固体概念"（Solid Concepts）设计制造出 3D 打印金属手枪。

三、3D 打印，已经 "悄然出现"

今天，可能很多人还以为 3D 打印是一项新研发的技术，还处于实验室研发阶段，离我们的日常生活还很遥远。其实不然，3D 打印已经来到了你我的身边，下面是从公开的资料中整理出来的一些应用例子。

（一）航空

美国弗吉尼亚大学工程系的研究人员采用最新的 3D 打印技术制造了一架无人飞机，机翼宽 6.5 英尺（约合 1.9 米），巡航时速达到 45 英里（约合 72 千米）。设计和制造这架 3D 飞机仅用了 4 个月的时间，成本大约 2000 美元。该研究人员介绍，若在 5 年前，仅设计制造一台塑料涡轮风扇发动机，就需要 2 年时间，成本约 25 万美元。

（二）航天

科学家研制了一款神奇的 3D 打印机，可在未来行星登陆时建造基地的任务中使用。比如，未来在月球基地中生活的宇航员可以使用这款 3D 打印机将月球上的岩石或者特殊材料"打印"成所需要的工具。这款神奇的 3D 打印机几乎可以将任何固体材料制造成所需的工具，将赋予未来探险家建设外星基地的能力。

（三）医疗

美国一家医院使用康涅狄格州牛津性能材料公司提供的原材料，用 3D 打印机打印出人的头骨，来替代患者 75% 已受损的骨骼，患者术后恢复良好。

英国研究人员首次用 3D 打印机打印出胚胎干细胞，该干细胞鲜活且保有发展为其他类型细胞的能力。这种技术或可制造人体组织以测试药物、制造器官，乃至直接在人体内打印细胞。检测结果显示，打印 24 小时后，95% 以上的细胞仍然存活，打印过程并未杀死细胞；打印 3 天后，超过 89% 的细胞仍然存活，而且依然维持多能性，即分化为多种细胞组织的潜能。

（四）建筑

2012 年 10 月，英国伦敦的一家建筑企业 Softkill Design 率先采用 3D 技术打印了房屋，原材料来自塑料，外观像蜘蛛网。

荷兰阿姆斯特丹建筑大学的建筑设计师 Janjaap Ruijssenaars 设计出了全球第一座 3D 打印建筑物 "Landscape House"，并且特别模拟了奇特的莫比乌斯环。

（五）文物

博物馆里使用复制品替代原始作品，以避免原始作品受环境因素或意外事件的损坏。史密森尼博物院就因为原始的托马斯·杰弗逊像要放在弗吉尼亚州展览，院方因此将一个巨大的 3D 打印替代品放在了原先雕塑的位置。

（六）其他

最早加入 3D 打印行业的企业之一：Shapeways 公司已

开始利用 3D 打印制造首饰。

电影产业中，已有使用 3D 打印技术来制作面具模型、汽车模型和其他功能性道具的尝试。

四、3D 打印相关技术

（一）3D 打印的技术原理

3D 打印的基本原理是根据要打印的物体形状进行建模，通过一层层地堆积材料形成一个立体的物品。3D 打印机与电脑连接后，通过电脑控制可以把"打印材料"一层层叠加起来，最终把电脑上的蓝图变成实物。

（二）3D 打印的主流技术

3D 打印的技术存在着许多不同的流派，各自的不同之处主要在于可用材料、构造物体等方面的差异，目前流传范围比较广的主流技术主要有以下几种。

1. 熔融沉积快速成型（Fused Deposition Modeling，FDM）

将丝状热熔性材料加热融化，通过带有一个微细喷嘴的喷头挤喷出来，沉积在制作面板或者前一层已固化的材料上，温度低于固化温度后开始固化，通过材料的层层堆积形成最终成品。

采用这种技术的 3D 打印机机械结构最简单，设计最容易，成本也最低，在家用桌面级 3D 打印机中应用广泛，但出料结构简单、受温度影响大，导致难以精确控制出料形态与成型效果，在对产品精度要求较高的快速成型领域较少采用。

2. 光固化成型（Stereolithigraphy Apparatus，SLA）

此种技术主要使用光敏树脂为材料，通过紫外光或者其他光源照射凝固成型，逐层固化，最终得到完整的产品。

SLA 的优势在于成型速度快、原型精度高、表面最光滑，非常适合制作精度要求高、结构复杂的原型，但 SLA 也有两个不足：一是光敏树脂原料有一定毒性；二是成型的原型强度尚不能与真正的制成品相比，因此 SLA 一般更多地用于原型设计方面。

3. 三维粉末粘接（Three Dimensional Printing and
   Gluing，3DP）

此种技术由美国麻省理工大学开发成功，原料使用粉末材料，如陶瓷粉末、金属粉末、塑料粉末等，工作原理是：先铺一层粉末，然后使用喷嘴将粘合剂喷在需要成型的区域，让材料粉末粘接，形成零件截面，然后不断重复铺粉、喷涂、粘接的过程，层层叠加，获得最终打印出来的零件。

3DP 的优势在于成型速度快、无需支撑结构，而且能够输出彩色打印产品，这是目前其他技术都比较难以实现的。其不足之处在于，一是粉末粘接的直接成品强度并不高；

二是由于粉末粘接的工作原理，成品表面不如 SLA 制成品光洁，精细度也有不足；三是制造相关材料粉末的技术比较复杂，成本较高。目前 3DP 技术主要应用于专业领域。

4. 选择性激光烧结（Selecting Laser Sintering, SLS）

此种技术由美国得克萨斯大学提出，于 1992 年开发了商业成型机。工作原理为首先铺一层粉末材料，将材料预热到接近熔化点，再使用激光在该层截面上扫描，使粉末温度升至熔化点，然后烧结形成粘接，接着不断重复铺粉、烧结的过程，直至整个模型成型。

SLS 的优势在于成品精度好、强度高，最终成品的强度远远优于其他 3D 打印技术产品，因此主要用在金属成品的制作上。激光烧结可以直接烧结金属零件，也可以间接烧结金属零件。但此种技术也同样存在缺陷：首先粉末烧结的表面粗糙，需要后期处理；其次要使用大功率激光器，除了本身的设备成本，还需要很多辅助保护工艺，整体技术难度较大，制造和维护成本非常高，普通用户无法承受，所以目前主要应用在高端制造领域。

五、3D 打印的产业链

3D 打印产业链分为上游材料、中游设备、下游应用 3 个环节（图 1-3-1）。

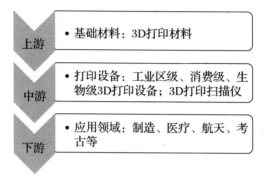

图 1-3-1　3D 打印产业链结构

（一）上游：3D 打印材料

目前市场上各类 3D 打印材料"争奇斗艳"，在使用比例上 ABS、PLA、石膏成为主流，另外如 PC、尼龙、光敏树脂、纸张及金属类（氧化铝、不锈钢、纯银等）等材料也占据了一席之地。

1. ABS（丙烯腈-丁二烯-苯乙烯）

五大合成树脂之一，是目前产量最大、应用最广泛的聚合物，具有无毒、无味、价格便宜、强度高、韧性好、易于加工成型的特点。

优点：综合性能较好，冲击强度较高，化学稳定性、电性能良好，柔韧性好。

缺点：打印大尺寸模型时，容易变形翘曲。

2. PLA（聚乳酸）

PLA 是一种优良的聚合物，由玉米提取的淀粉原料制成，是一种可再生资源，具有生物环保、可降解、收缩率低等特性。

优点：打印时没有刺鼻的不良气味，较低熔体强度，打印模型更易成型，表面更为光亮。

缺点：打印过程中一般需要对悬垂部分进行临时支撑，在清除这些支撑结构时，锉刀和砂纸容易破坏表面的光滑度。

3. 石膏粉（硫酸钙水合物）

石膏粉是打印介质中最常见的，3D 打印机通过在粉末床上面添加粘结剂的方式成型。

优点：打印模型较为精细，适合人像全彩打印，是目前市面上很多 3D 照相馆采用的材料。

缺点：不防水，不可回收再利用，对食品不安全，耐热上限仅为 60℃。

4. 其他材料

表 1-3-1 其他 3D 打印材料的特点及应用

材料名称	特点及应用
PC（聚碳酸酯）	翘曲度低，强度高，比 **ABS** 更柔韧，挤出温度要求高
尼龙	更柔韧，不需要加热平台或风扇就可以获得细节度较高的打印表面光洁度
光敏树脂	遇紫外线会立即变硬的特殊材质，细节度和光滑度比较高，适合对细节度要求高的雕塑及其他物品
纸张	相对较脆，维持度低
彩色和木质耗材	前者能够实现彩色打印，后者适用于特殊手感需求

国内 3D 打印材料的市场现状是：目前发展 3D 打印材料的公司仍未形成大批量生产的能力，3D 打印材料的主要来源仍仰赖于国外进口。随着政府扶持、产学合作的推进，国内有望在未来形成初具规模的材料供应链。与 3D 打印相关的企业及主要业务范围见表 1 - 3 - 2 所示。

表 1 - 3 - 2　3D 打印企业及主要业务范围

企业名称	主要业务
飞儿康	打印粉末材料、各类新材料研发、生产销售及技术服务与咨询
海源机械	开展复合材料、陶瓷、硅酸盐等材料，研究 3D 打印制造技术
银禧科技	各种树脂、改性塑料的研发与生产销售
深圳惠程	根据全球航空航天 3D 打印需求研发打印材料
昆明机床	研究开发光固化树脂
宏昌电子	致力于 3D 打印材料（液态环氧树脂）开发
重庆德固	尼龙树脂及铝合金、钛合金、不锈钢、模具钢等打印材料
北京隆源	SLS 工艺用的工程塑料等材料

（二）中游：3D 打印设备

3D 打印机可分为工业级、消费级和生物级三大类（见表 1 - 3 - 3 所示）。

表 1 - 3 - 3　3D 打印机分类及特点

3D 打印机分类	特点
工业级	适用于小批量、造型复杂的非功能性零部件的生产,多在汽车、航天、医药等领域内用于制造样件和模具等
消费级	其应用起源于业余爱好,但随着科技的发展和人们创新意识的增强,现在可以与互联网结合,开创新的商业模式
生物级	原材料是人体细胞,致力于打印各种人体器官,应用于器官移植

1. 工业级 3D 打印机

工业级 3D 打印机的销售规模仍较小,但市场潜力巨大。目前,全球工业级 3D 打印机出货量不到 1 万台,但工业级 3D 打印机的销量在未来将持续高速增长,形势值得期待,并表现出一定的周期性。根据国际数据公司(IDC)的预测,未来 5 年工业级 3D 打印机的销量将会是现在的 10 倍,年均复合增长率(CAGR)高达 59%。

目前能生产工业级 3D 打印设备的制造商较少,代表企业有美国的 3D Systems、Stratasys 以及德国的 ExOne 等。

2. 消费级 3D 打印机

近年来,消费级 3D 打印机的销售量增长迅猛,市场扩张能力极强。消费级 3D 打印机从 2008 年到 2011 年的销量年均增速高达 346%。2012 年销量达 34 000 余台,根据数据研究咨询中心 Juniper Research 的预测,2013 年到 2018 年仍能实现 100% 以上的增速，2018 年销量将超过 100 万台。

3. 生物级 3D 打印机

生物级 3D 打印，是以三维设计模型为基础，通过软件分层离散和数控成型的方法成型生物材料，特别是细胞等材料。

生物级 3D 打印机在医学领域市场应用潜力巨大。2009年，美国在医疗卫生方面的开支达到 2.5 万亿美元，约占美国 GDP 的 17.6%。我国医疗卫生开支也在逐年提高，2013 年我国医疗卫生支出达 8 208.7 亿元，2014 年首破万亿元。

我国 3D 打印设备市场现状见表 1 - 3 - 4。

表 1 - 3 - 4　国内 3D 打印设备市场现状

企业名称	主要业务
大族激光	激光成形设备的研发与销售
华署高科	选择性激光尼龙烧结设备
先临三维科技	各类 3D 打印设备销售
南京宝岩	各类 3D 打印设备研发、生产与销售
上海彩石	激光金属成型系统的研发与制造
西安非凡士	3D 打印机及机器人的研发与制造
海源机械	3D 打印机开发、制造以及销售业务
新松公司	激光 3D 打印成型系统

（三）下游：3D 打印机应用

3D 打印机的应用分布于各行各业，相比中上游，下游的加工应用领域要成熟一些。3D 打印下游产业主要集中在消费品和电子产品、汽车、航空航天以及医疗设备等领域。根据 Wohlers 的报告，2012 年，3D 打印相关产品和材料的销售在这些领域占比 70% 左右（图 1 - 3 - 2）。

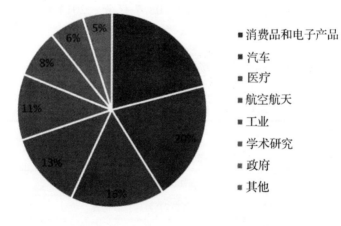

图 1 - 3 - 2　国内 3D 打印机应用市场现状

国内 3D 打印下游产业的企业普遍有所发展，但仍未超过海外公司，唯航空航天领域我国较海外发展较好。3D 打印下游产业的企业及主要业务范围见表 1 - 3 - 5。

表 1-3-5　3D 打印下游产业的企业及主要业务范围

企业名称	主要业务
中航重机	采用三维焊接（3D-Welding）技术成型，全部由焊缝金属组成的零件，使用钛合金材料，主要应用于航空航天、核电领域
南风股份	核电设备、火电机组及水电、石化、冶金、船舶等行业、重型金属构件的制造与修复
光韵达	计划未来将激光 3D 打印业务作为精密激光综合应用的一部分，努力使 3D 打印技术的应用实现产业化
高乐股份	发展 3D 打印个性化定制、网络销售及手游产品业务（深圳分公司）
光临三维科技	提供 3D 打印服务、设备代销（德国 EOS 公司产品）

六、3D 打印在我国的推广情况

（一）与 3D 打印相关的国家政策法规

1. 国家科技支撑计划项目征集指南

2013 年 4 月，科技部公布的《国家高技术研究发展计划（863 计划）、国家科技支撑计划制造领域 2014 年度备选项目征集指南》，首次将 3D 打印产业纳入其中。《指南》提到，突破 3D 打印制造技术中的核心关键技术，研制重点装备产品，并在相关领域开展验证，初步具备开展全面推广应用的技术、装备和产业化条件。设 4 个研究方向：

第一，面向航空航天大型零件激光熔化成型装备研制及应用。即针对航空航天产品研制（试制）过程中单件、小批量需求，研制适合钛合金等难加工零件直接成型的大型零件激光熔化成型装备，台面 2 米 ×2 米，制件精度控制在 ±1% 以内，堆积效率达 $300cm^3/h$ 以上。制定相关工业技术标准，并在航空航天产品研制零部件制造中进行应用。

第二，面向复杂零部件模具制造的大型激光烧结成型装备研制及应用。即针对复杂零部件模具快速制造的需求，研制适合制造蜡模、蜡型、砂型制造，以及尼龙等塑料零件制造的大型激光烧结成型装备，台面 2 米 ×2 米，制件精度控制在 ±0.1% 以内，堆积效率达 $1000cm^3/h$ 以上。制定相关技术标准，并在汽车、模具等行业产品研制中得到应用。

第三，面向材料结构一体化复杂零部件高温高压扩散连接设备研制与应用。即针对结构复杂、性能要求高、连接难度大等复杂零部件加工的需求，研制材料结构一体化复杂零件高温高压扩散连接设备和工艺，工作加热区域尺寸 $\Phi 1000mm \times 1000mm$ 以上，并在航空航天产品的研制中开展应用。

第四，基于 3D 打印制造技术的家电行业个性化定制关键技术研究及应用示范。即针对家电行业个性化定制的迫切需求，结合以 3D 打印制造技术为核心的数字制造技术带来的制造变革，研究 3D 打印个性化零件设计技术、个性化定制模式、定制业务协同引擎、交互门户、运行平台等技术，开发个性化定制管理平台，并基于 3D 打印制造装备为终端用户提供个性化定制服务，在应用示范期内销售经济收入不少于 3 000 万元。

2. 增材制造产业发展推进计划

2015 年新年伊始，工信部正式发布《国家增材制造产业发展推进计划（2015—2016 年）》，从国家战略高度提出 3D 打印的发展方向和目标。《计划》将针对 3D 打印产业链中各关键环节，如材料、工艺、设备和标准中的核心技术瓶颈进行布局，实现技术上的快速发展，达到国际先进水平。

同时，还将通过需求牵引与创新驱动相结合，政府引导与市场拉动相结合，重点突破和统筹推进相结合，3D 打印技术和传统制造技术相结合的方式，来推进我国 3D 打印产业健康有序发展。和欧美国家 3D 打印战略计划相比，《计划》更加突出了技术创新和政府政策对产业发展的促进作用，将为我国追赶欧美在 3D 打印领域的领军地位提供强大的保障。

《计划》提出到 2016 年，初步建立较为完善的 3D 打印产业体系，整体技术水平保持与国际同步，在航空航天等直接制造领域达到国际先进水平，在国际市场上占有较大的市场份额。

技术水平方面，部分工艺装备达到国际先进水平，初步掌握 3D 打印材料、工艺软件及关键零部件等重要环节的关键技术。

应用方面，3D 打印成为航空航天等高端装备制造及修复领域的重要技术手段，初步成为产品研发设计、创新创意及个性化产品的实现手段以及新药研发、临床诊断与治疗的工具。

产业方面，3D 打印产业销售收入实现快速增长，年均增长速度 30% 以上，形成 2～3 家具有较强国际竞争力的企业。

支撑体系建设方面，成立行业协会，建立 5～6 家 3D 打印创新中心，形成较为完善的产业标准体系。

（二）发展现状：设备多集中在教育领域

中国从 1991 年开始研究 3D 打印技术，当时的名称叫快速成型技术、熔融挤压等。2000 年前后，这些工艺从实验室研究逐步工程化、产品化。

在我国 3D 打印发展的早期，由于做出来的只是原型，而不是可以使用的产品，而且国内对产品开发也不够重视，导致快速成型技术在中国工业领域普及得很慢，全国每年仅销售几十台快速成型设备，主要应用于职业技术培训、高校等教育领域。

2000 年以后，清华大学、华中科技大学、西安交通大学等高校继续研究 3D 打印技术。西安交通大学侧重于应用，做一些模具和航空航天的零部件；华中科技大学开发了不同的 3D 打印设备；清华大学把快速成型技术转移到企业后，把研究重点放在了生物制造领域。

目前国内提供 3D 打印设备和服务的企业共有二十多家，规模都较小。这些企业主要分为两类，一类是 10 年前就开始技术研发和应用，如北京太尔时代、北京隆源、武汉滨湖、陕西恒通等，这些企业都有自身的核心技术；另一类是 2010 年左右成立的，如湖南华曙、先临三维、紫金立德、飞尔康、峰华卓立等。而华中科技大学、西安交通大学、清华大学等高校和科研机构是重要的 3D 打印技术培育基地。

七、我国的 3D 打印与国外的技术差距

目前，在欧美发达国家，3D 打印技术的应用已较为广泛，大到飞行器、赛车，小到服装、手机外壳，甚至是人

体组织器官的培育，都有 3D 打印技术的相关应用。尤其在一些交叉学科领域中，3D 打印的应用更加普遍。

据 2013 版的 Wohlers 显示，2013 年全球 3D 打印市场规模约 40 亿美元，相比 2012 年几乎翻了一番。其大体分布概况是：欧洲约 10 亿美元，美国约 15 亿美元，中国所占份额约 3 亿美元。面向工业的 3D 打印机设备台数按国家进行统计，美国占 38.2%，位居第一，其次是日本，占 10.2%，第三位是德国，占 9.3%，第四位是中国，占 8.6%。

国内 3D 打印技术在过去 20 年中发展比较缓慢，在技术上存在瓶颈，材料的种类和性能受限制，特别在使用金属材料制造方面还存在问题，成型的效率、工艺的尺寸、精度和稳定性迫切需要提高。

相比美国，中国 3D 打印产业化进程缓慢，市场需求不足。国内企业的收入结构单一，主要靠卖 3D 打印设备，而美国的公司采取多元经营，设备、服务和材料基本各占销售收入的 1/3，在全球 3D 模型制造技术的专利实力榜单上，美国 3D Systems 公司、日本松下公司和德国 EOS 公司遥遥领先。就企业实力来看，目前欧美较具规模的 3D 打印企业的年销售收入一般都在 10 亿元人民币左右，而国内目前仍没有一家此类企业年收入过亿，甚至超过 5000 万元的企业都寥寥无几。

八、3D 打印在我国的推广障碍

20 世纪 90 年代初，中国开始对快速成型技术及设备进行研发，到现在，已初步建立了产业基础。中国也是继美国、日本、德国之后第四个拥有 3D 打印设备的国家。目前，已有西安交通大学、华中科技大学、清华大学、北京航空航天大学等多家研究单位自主开发了快速成型设备并初步实现了产业化，拥有自主知识产权。

总体来看，目前 3D 打印在我国已经掀起了一轮概念热潮，但其技术还有待充分完善，主流市场也仍需继续培育，3D 打印技术要继续扩展其产业应用空间，目前仍面临多方面的瓶颈和挑战。

（一）机器成本方面

现有 3D 打印机造价仍普遍偏高，给其进一步普及应用带来困难。

（二）打印材料方面

目前 3D 打印的成型材料多采用化学聚合物，选择的局限性较大，成型的物品物理特质较差，且安全方面存在一定的隐患。在我国，3D 打印材料的品种和性能也与国际先进水平存在差距。

（三）精度效率方面

目前 3D 打印成品的精度还不尽如人意，打印效率还远远不能满足大规模生产的需求，而且受打印机原理的限制，打印速度和精度之间存在严重冲突。

（四）设备制造方面

国内缺乏能够制造工业级 3D 打印机的企业，一些核心部件，如激光器、光路系统等，仍依赖国外技术。

作者点评

4D 打印技术目前尚未完全成熟，部分材料，甚至基础的打印模型扫描、产品成型技术等均基于 3D 打印技术。开展 4D 打印技术的研究还离不开 3D 打印技术的支持。另外，4D 打印的前端技术原理和 3D 打印的技术原理基本一致，因此，要充分了解和研究 4D 打印，3D 打印绝对不能被忽略。

第 4 章
4D 打印：3D 打印的沿袭和升华

就像当前所有的制造过程一样，3D 打印是造物呈现的终结；而 4D 打印则是造物呈现的开始，就像人类的诞生一样，3D 打印的物体是"死"的，而 4D 打印的物体却是"活"的。

一、4D 打印是 3D 打印的沿袭

3D 打印和 4D 打印都是在计算机辅助设计的导引下，经过逐层堆积生成零部件的制造工艺。4D 打印基本沿袭了 3D 打印的工艺原理，只是在所采用的材料上进行了创新，从而由过去的三维扩展为四维。4D 打印在 3D 打印的基础上增加了时间维度，也就是说，4D 打印的产品是可以随时间和外界刺激变化而改变的物体，这种性质我们可以描述为"自组织"。

二、4D 打印是 3D 打印的升华

4D 打印是 3D 打印的升华，具体表现为产品形态的不同。3D 打印只能按照预设的形状打印，产品一旦成型，形态不能发生变化。而在 4D 打印时代，人们可以通过软件设定模型和条件，产品会在设定的时间或条件下自动变化为所需的形状。4D 打印产品的自我组装特征是直接将设计内置到物料当中实现的，不需要连接任何复杂的机电设备，就能使得产品按照设计自动折叠成相应的形状。

举个日常生活中最司空见惯的例子：虽说 3D 打印技术制造锅碗瓢盆等厨房用品在技术上并无难度，但效果上与 4D 打印技术却无法相提并论——应用 4D 打印技术制造的这些物品可根据用户炒菜量的大小自动改变容积，这样一来，人们就再也不必为家里来了客人了而炖锅太小而发愁了。

三、4D 打印比 3D 打印具有更大的发展前景

4D 打印的产品在成型后仍能在特定时间或特定条件下

改变形状和功能，具有"自组织"功能和动态演变能力。显然，4D 打印将让生产与生活更加智能，不仅能创造出产品，更能使产品根据环境变化和需要自行变化，无需人工组装和修复，大大降低了人力成本。

4D 打印的发展前景十分广阔，作为一项颠覆性技术，它将创造出"可被编程的世界"将对传统制造业产生革命性影响。4D 打印的制造者们只需下载产品设计程序，就可通过采集和编程制造出所需产品；4D 打印所造成的工业排放几乎可以忽略不计，在真正意义上实现绿色生产，从而开辟制造业可持续发展的新途径，并改变传统的制造业模式。

四、4D 打印的本质是"智能制造"

作为传统制造业的变革方向和新技术创业者的契机，4D 打印代表着"智能制造"的大势所趋，具有十大独特优势：

（一）大幅降低制造成本

不论是当前的制造技术，还是"工业 4. 0""中国制造 2025"等国家战略展望的新型制造技术，在生产复杂或订制化的产品时，制造和组装成本都是一个问题。

　　而在 4D 打印技术支持下的产品制造，部件与产品本身结构的复杂程度将变得不再重要，因为对整体产品不同部件进行的一体化打印以及产品的自组织特性，将让组装成本化整为零，最大幅度地降低产品的生产制造成本。

（二）个性化订制成本不变

　　在当前的制造技术与环境下，小批量订制的成本仍然较高，而大批量个性化订制的成本更是难以想象。

　　伴随着 4D 打印技术的介入，订制的成本将与传统批量化制造的成本趋同，甚至更加低廉。因为在传统制造中被认为是很复杂的结构和工艺，借助 4D 打印技术都将变得简单，成本不会因部件复杂程度的变化而波动。

（三）消除人工组装成本

　　4D 打印的产品部件将不再需要厂商或用户进行组装。厂商根据用户的需要，将产品运送到指定地点放置好后，用户在需要时直接给予介质触发，产品就会实现自动组装，这就取代了当前依赖人力进行组装搭建或拆解的方式，也消除了相应的人工组装成本。

（四）零库存的生产方式

当前的生产制造企业追求尽量降低产品的库存，因为一旦销售周转放缓，将直接导致资金周转率降低，进而影响利润。

通过 4D 打印技术进行的生产制造将有效缓解这个问题。企业根据消费者的想法随时提供产品设计、打印制造服务，做到"即买即造、即造即销"，真正取代传统的库存销售方式。

（五）放大创意空间

对于很多设计师而言，最痛苦的事莫过于创意很"丰满"，制造现实却很"骨感"。满满的创意受制于传统加工制造技术，往往无法完全体现在产品上。

在未来的 4D 打印时代，可以毫不夸张地说，但凡设计师能描绘出来的创意构想，都能不折不扣地得到实现，真正做到让创意设计的价值获得充分绽放。

（六）降低制造专业性

当前的制造业不论是简单或复杂，都在一定程度上对生产工人的专业性和熟练性提出了要求，而技术的培养需要经过多年的训练和沉淀，期间还存在所培养的技术人才流失的风险。

4D 打印技术的应用，大大降低了制造复杂部件对于专业技能的要求，将有效降低制造的专业门槛和人才的流失风险。

（七）　有效简化制造环节

大部分产品是由多个零部件组装而成的，而不同零部件需要不同的配套制造设备。对厂家来说，各式设备不仅占据了较大的场地空间，也让制造成本水涨船高。

4D 打印技术则全然不同，只需要一台打印机，即可使用不同材料、依照用户设定直接打印不同的部件或整体产品，打印生成的部件还可以实现自行组装。

（八）　不良率将成为过去式

传统制造企业最常规的生产制造考核指标就是对不良产品生产率的控制。而在 4D 打印时代，不良率这个名词将走向历史的终结，决定着产品能否满足用户需求的关键将被转移至设计端。也就是说，未来决定产品是否合格的关键要素不再是制造，而是设计，设计师将成为制造业的灵魂。

（九）材料无限组合

当今的制造技术要将不同原材料结合成一件产品是比较困难的，因为传统的制造机器在切割或成型过程中不能轻易地将多种原材料融合在一起。尽管多种材料的混合注塑技术在一些领域已经有所应用，但其成本与不良率都相对较高。

4D 打印技术的出现将改变这一现状。在 4D 打印的过程中，我们可以将多种不同材料通过同一台设备进行混合打印，这也就意味着在不久的将来，复杂如汽车的产品也将直接通过打印的方式被生产制造出来。

（十）批量一致性堪称完美

尽管现代制造技术借助于模具在一定程度上保障了产品生产的一致性，但还是难以获得批量一致性的百分百保障。

4D 打印技术将让产品的复制难题得到彻底解决。依托 4D 打印技术，批量生产就如同复制数字文件般简单，而产品间的一致性程度也将如数字文件的拷贝一样高。

这些优势并不是科幻，有相当部分已经在 3D 打印技术层面得到了实现。随着 4D 打印技术的不断成熟，我们在新的工业时代的制造方式、生活方式将被"打印"重新改写。

作者点评

有了 3D 打印，任何想象都可以被打印成现实，而有了 4D 打印，我们的想法将被赋予更多的变化与可能。3D 打印技术的发展必然会有利于 4D 打印技术的探索、应用，其中包括对设计软件的推动。4D 打印与 3D 打印最大的区别在于给设计师增加了更多的可能与挑战，如产品不同形态变化下的美感、功能，或产品最佳形态变化方式的预期等，这些将考验设计师的智慧，同时也将给设计学科带来一些改变。

4D 打印的"智能制造"是 3D 打印"个性化制造"的延续和升华。众所周知，工业革命推动了制造业的发展和腾飞。历史已经见证了三次工业革命，每一次都带来了社会关系的重大变革，大大促进了社会生产力的发展，改变了工业布局，推动了国际经济结构的调整，促使世界各国经济相互依存、联系更加紧密。

4D 打印将给人类社会带来那些变化？会不会推动第四次工业革命的到来？

第 2 部分 | 4D 打印，第四次工业革命的标志

大家设想一下，若是没有发生第一、第二、第三次工业革命，我们现在的生活会不会还是以下情景？

男子还留着一条大辫子；认为中国是世界的中心；去一次都城是一件可以吹嘘一辈子的大事；晚上还点着蜡烛用毛笔给远方的亲人写信；一辈子可能都见不到一个洋人；一辈子的活动范围仅限于自己住宅周边一百公里内，等等。

还好这一切都只是想象。工业革命的发生，让我们的生活发生了翻天覆地的变化，也让世界格局发生了翻天覆地的变化。

前段时间，有人曾经让笔者各用两个字概括形容三次工业革命，笔者给出的是"经验""科学""网络"。4D 打印技术的到来，颠覆了传统制造的造物模式，第四次工业革命将

会随之而来，同样若是用两个字概括的话，那就是"智造"。

以4D打印为标志的第四次工业革命，会给我们的工作生活带来什么样的变化？

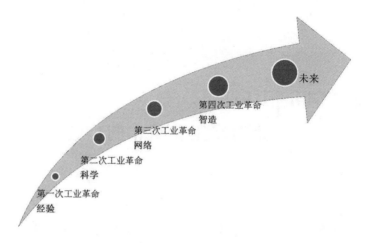

图 2-0-1　工业革命演进图

第 5 章

第一次工业革命，"规模制造" 与欧洲兴起

小故事

　　第一次工业革命的标志之一是英国人瓦特发明的蒸汽机。我们都听过这样的故事：瓦特小时候看到水烧开时，水壶盖被顶起来，就好奇地去问奶奶，奶奶告诉他是蒸汽的作用，瓦特于是发愤图强，不断研制，最终发明了蒸汽机。

　　不知道大家小时候听到这个故事时有没有这样一种想法：要是瓦特生在中国，蒸汽机就是中国人发明出来的，那中国是不是就可以领导工业革命，就不会被列强欺侮一百多年？英国人真是太幸运了，天上掉下个大馅饼，砸到了英国人瓦特的头上，助其成就了丰功伟业。笔者小时候就被这个问题困扰了很多年。直到后来在一本书上看到的一句话改变了笔者的想法："如果瓦特早出生一百年或者出生在其他地方，他和他的发明将会一起死亡！"那么，问题来了，为什么瓦特只有在18世纪的英国才能成功呢？

一、第一次工业革命，非英国人莫属

（一）拥有新兴工业所需要的充足劳动力

英国历史上有名的"圈地运动"，使得许多农民丧失了自己的土地，失去了收入来源，失去生存基础的农民不得不加入到自由流动的人群。同时，农村公用土地残余消失，土地私有权最终确立，使农民和土地进一步分离，导致农民被迫涌入城市，成为城市新型工业领域劳动力的重要来源。

（二）可为新兴工业提供大量资金支撑

在工业革命之前，英国的资本家就已经通过"海盗抢劫、商业战争、殖民掠夺、贩卖黑奴"等手段积攒了大笔资金，例如，英国东印度公司通过对茶叶、盐、鸦片等商品的贸易进行垄断获取了高额利润。此时，对于能够提高生产效率、提升利润水平的发明，资本家们很愿意投入资金作为支撑。

（三）能为新兴技术的发明提供经验支持

经过对历史资料查证，我们发现，第一次工业革命涉

及的纺织工业、采矿工业、冶金工业和运输业等领域的种
种发明，极少出自科学家们，相反，它们多半是由技工完
成的。当时，英国中下层商人、手工业者和作坊主拥有清
教徒式的刻苦奋斗和创业精神，其中多数人兼有另一个身
份——技工，拥有丰富的技术经验。

（四）能为新兴工业产品提供市场空间

18 世纪，英国成为世界上最强大的殖民国家，海外市
场不断扩张。受生产水平的影响，当时的产品虽然品种单
一，但庞大的需求量仅凭手工生产仍然无法满足，以追逐
利润为目的的资本家们肯定会寻求各种办法提高效率，增
加产量，自此以蒸汽机为代表的工业革命就呼之欲出了。

在这里，笔者简单地用一张表格来总结展现 18 世纪的
英国发生工业革命的前提条件（表 2 - 1 - 1）。

表 2 - 1 - 1　18 世纪英国发生工业革命的前提条件

可能性	政治前提	资产阶级统治的建立
	劳动力	圈地运动
	资本	海盗抢劫、商业战争、殖民掠夺、贩卖黑奴
	技术	手工工场时期的技术积累
	保障	专利法的公布
	原料	本地煤铁丰富、殖民地范围扩大
必要性	市场需求	国内外市场需求不断扩大

二、第一次工业革命开始的标志和主要成就

（一）第一次工业革命开始的标志

1765 年，英国工人哈格里夫斯发明珍妮纺纱机，标志着第一次工业革命的开始。

1785 年，瓦特改良的蒸汽机首先在纺织部门投入使用，人类进入"蒸汽时代"。

（二）第一次工业革命主要成就

第一次工业革命主要成就见表 2 - 1 - 2 所示。

表 2 - 1 - 2　第一次工业革命主要成就

行业	主要成就
棉纺织业	飞梭、珍妮纺纱机、水力纺纱机、水力织布机
冶金采矿	达比父子改进焦煤炼铁法、纽可门制成蒸汽抽水机、戴维发明安全灯
动力	瓦特改良蒸汽机
交通运输	史蒂芬孙发明火车机车、富尔顿制成汽船

三、第一次工业革命对于世界的影响

1840 年前后的英国，机器大生产已经成为工业生产的主要方式，机器取代手工、工厂取代工场，机器制造业基本建立起来，标志着第一次工业革命的完成。

回望历史，第一次工业革命对世界格局主要产生了以下影响。

（一）强化了欧洲，树立了欧洲作为世界中心和主宰的地位

1. 财富规模史无前例地增长

马克思曾说过，在资产阶级统治的不到一百年间，所创造的生产力超过了以往历史的总和。第一次工业革命以世界性的规模有效地利用了人力资源和自然资源，使得生产率史无前例的增长成为可能，理所当然，欧洲的财富也得到了空前的增长。

2. 人口急剧增长和大量转移

第一次工业革命后，随着财富的增加，经济和医学也在不断地进步，农业和工业生产率的大幅度提高，使生活资料丰富起来，并推动了人口的急剧增长。1914 年，欧洲

大陆的人口已是 1750 年时的 3 倍以上，其中还不包含 19 世纪期间移居海外的数百万人。

3. 赋予城市新职能，加快城市化进程

城市在新石器时代就出现了，但在那之后数千年间，世界上人口最稠密的城市依旧存在于河流流域等地区，且城市的规模取决于周围地区粮食的产量。第一次工业革命后，随着大规模河上运输和海上运输的发展，城市可以专门从事贸易和工业，导致人口有条件增长到超过其周边地区粮食产量的限制。另外，粮食的充足供应以及传染病的预防和控制使得城市可以以极快的速度发展。城市化是人类历史上一次影响巨大的社会变革，因为居住在城市意味着一种全新的生活方式，意味着人类又开始了新的征程。

4. 社会两极分化，资产阶级和无产阶级出现

工业革命极大地促进了欧洲社会工商业的发展，并初步形成了世界资本主义经济体系。资本主义工商业的发展不可避免地使社会分化为资产阶级与无产阶级两大对立阵营，而这两大阵营之间的竞合逐渐成为欧洲社会的一条主线，极大地影响着欧洲的政治格局。

5. 欧洲力压亚洲，成为世界的主宰

第一次工业革命以后，欧洲资本主义制度已得到确立，

凭借其雄厚的经济实力，欧洲列强把世界上所有的国家卷入了资本主义经济体系中，并逐步把它们变为自己的原料供应地和商品倾销地，从而实现经济上的奴役；同时，列强们凭借其强大的军事实力，打开其他国家的门户，拓展其经济附属地，并通过政治压迫获取更多的经济利益。在经济、军事和政治的多重打击下，越来越多的国家逐渐沦为欧洲列强的殖民地或半殖民地，东方世界从此屈服于西方，欧洲成为世界的中心和主宰。

（二）同化了美洲和澳洲，奴化了亚洲和非洲，将它们变成欧洲的附庸

世界其他地区便没有欧洲那么幸运了，虽然第一次工业革命客观上也带动了当地社会的发展和进步，但给这些地区带来的灾难和奴役远比他们得到的所谓文明和近代化成就要多得多。

1. 亚洲、非洲逐步沦为资本主义经济的附庸

当时，世界除欧洲外的其他地方都还处于封建主义落后的自然经济阶段，落后的封建主义根本无法抵挡资本主义的坚船利炮，在经济、军事和政治的多重打击下，落后的亚非封建主义国家逐渐沦为欧洲列强的殖民地或半殖民

地，成为了资本主义经济的附庸。

2. 美洲、澳洲被欧化

欧洲列强们利用美洲人口比较稀少的特点，采用各种手段把自己的文化植根于这些地区。在南北美洲及澳洲，尤其在澳大利亚，欧洲人从各个方面，如种族、经济和文化方面入手，整个地移植了他们的文明，其结果是，世界上仿佛多出现了几个新的欧洲。这一点在亚洲和非洲是办不到的，因为那里原住民为数太多，而且已拥有高度发达的社会和文明。于是，直到今天我们还可以发现美国人使用的是英语，而法语依然是加拿大的官方语言之一，葡萄牙语和西班牙语在南美洲仍然到处可见，这些地区的文学、学校、报纸、政体，所有这一切都有着可以追溯到英国、法国、西班牙或欧洲其他国家的根源。从某种意义上讲，美洲和澳洲如今仍然是欧洲世界的一部分。

3. 促进世界发展、密切世界联系

在第一次工业革命之前，世界相对比较隔绝。但在工业革命以后，大批工厂的出现需要大量的原材料和广阔的销售市场，而这些原材料的来源地和广阔的销售市场便是广袤的美洲大陆和在欧洲人眼里"遍地是黄金"的东方。工业化大生产的出现像链条一样把世界牢牢地联系在一起。

当欧洲的资本和技术与不发达地区的原料和劳动力相结合，首次导致一个完整的世界经济时，世界的生产率极大幅度地提高了。例如，世界工业生产值在 1860 年至 1890 年间增加了 3 倍，在 1860 年至 1913 年间增加了 7 倍。

4. 加速了"未开化"地区走向近代化

列强在入侵其他国家并把它们变为自己的经济附庸地的时候，也会不自觉或者无意识地充当推动历史进步的工具，这也就是马克思所说的"破坏性"和"重建性"。第一次工业革命初步确立了资本主义经济体系。由于资本主义对利益最大化的追求，拥有原料和市场的落后国家和地区必然会被卷进这个体系之中。列强的入侵虽然破坏了其他国家原来的独立和完整，但也推动了被入侵地区旧制度的灭亡和新制度的产生，传播了资产阶级经济文化思想，客观上加速了当地走向近代化。

四、第一次工业革命，中国开始沦为半殖民地半封建国家

一方面，最早进行工业革命的英、法、美等国强烈要求对外开拓商品销售市场和原料产地，推动他们对其他落

后地区的侵略，中国便是其中之一。1840 年鸦片战争后，中国开始沦为半殖民地半封建国家，经济上开始成为西方经济的附庸。

　　另一方面，工业革命加大了世界各地的密切联系，受西方资本主义的诱导，中国发生了洋务运动、民族资本主义工业在沿海地区逐渐兴起。中国产生了资本主义的生产方式，但受限于半殖民地半封建国家的特点，中国近代化举步维艰。

作者点评

　　尽管第一次工业革命对东西方的影响迥然不同，西方成为了世界的主宰而原本辉煌的东方却成为了资本主义经济的附庸。但从全世界范围来讲，从人类社会发展的角度来看，其意义是重大的。从生产技术方面来说，第一次工业革命使工厂制代替了手工工场，用机器代替了手工劳动，是人类科技发展史上的一次巨大的飞跃；从社会关系方面来说，第一次工业革命使依附于落后生产方式的自耕农阶级消失了，资产阶级和无产阶级开始形成和壮大起来，人类从此走上了资本主义文明道路。

第6章
第二次工业革命，"科学制造"与世界大战

小故事

　　爱迪生是一位伟大的发明家，他生于美国俄亥俄州的迈兰，自幼就在父亲的木工厂做工，由于家庭贫困，一生只在学校读过三个月的书。但他从小热爱科学，自己刻苦钻研，醉心于发明，正式登记的发明达1 328种，被称为"世界发明大王"。他的发明创造不仅靠聪明才智，而且靠艰辛的科学实践，正如他自己所说："成功是百分之一的灵感加上百分之九十九的汗水。"

　　众所周知，爱迪生发明电灯时，光收集资料，就用了200本笔记本，为了找到合适的灯丝，先后用过铜丝、白金丝等1600多种材料，还用过头发和各种不同的竹丝，最后选中了日本的一种竹丝，经燃烧炭化后，成为最初的灯丝。

　　不要小看这一项今天看来不是很困难的发明，电灯的出现反映了人类对电的熟练应用，这正是第二次工业革命开始的标志之一。

一、第二次工业革命，人类进入电气时代

（一）科学开始承担重要作用

1870 年以后，科学技术的发展突飞猛进，各种新技术、新发明层出不穷，并被迅速应用于工业生产，大大促进了经济的发展，进而引发了第二次工业革命。

第一次工业革命期间，纺织工业、采矿工业、冶金工业和运输业等领域的种种发明，极少出自科学家们之手，相反，多由有才能的技工完成。1870 年以后，科学开始发挥更加重要的作用，渐渐成为所有大工业生产的重要组成部分。工业研究的实验室装备着昂贵的仪器，配备着对指定问题进行系统研究的训练有素的专家，这一切取代了孤独的发明者的阁楼和作坊。之前的发明是个人对机会作出响应的结果，而第二次工业革命期间的发明是事先安排好的，是定制的结果。

（二）资本主义世界遍地开花

第一次工业革命首先发生在英国，重要的新机器和新生产方法主要是在英国出现的，而其他国家的工业革命发展相对缓慢。第二次工业革命几乎同时发生在几个先进的资本主义国家，新的技术和发明超出了一国的范围，规模

更加广泛，发展也比较迅速。

（三）美国呈现领先优势

美国拥有某些明显的有利条件，使它在第二次工业革命期间领先于世界。例如，巨大的原料宝库、来自欧洲充分的资本供应、廉价移民劳动力的不断流入、规模巨大的国内市场、迅速增长的人口以及不断提高的生活标准。

另外，新工业革命的两种重要方法也是在美国发展起来的。

一种方法是标准化生产，即制造标准的、可互换的零件，然后以最少量的手工劳动把这些零件装配成完整的单位。美国发明家伊莱·惠特尼在 19 世纪初用这种方法为美国政府大量制造滑膛枪。他的工厂因建立在这一新原理的基础上，引起了广泛的注意。有位到访者对此做了如下描述："他为滑膛枪的每个零件都制作了一个模子，据说，这些模子被加工得非常精确，以致每一支滑膛枪的每个零件都可适用于其他任何一支滑膛枪。"

第二种方法是设计出"流水线"。20 世纪初，亨利·福特因发明能将汽车零件运送到装配工人所需要的地点的环形传送带而名利双收。

二、第二次工业革命，科学成就呈现多国化

第二次工业革命，主要科学成就见表 2 - 2 - 1 所示。

表 2 - 2 - 1   各行业出现的主要成就

行业	主要成就
能源	电力的发明及应用
通信	（美）贝尔：电话；（意）马可尼：无线电报
交通	（德）戴姆勒：汽油内燃机；狄塞尔：柴油机；（美）福特：汽车；莱特兄弟：飞机
化学	（德）李比希：有机肥；柏琴：人工合成染料；雷佩：合成橡胶、合成油漆、塑料；（瑞典）诺贝尔：炸药
钢铁	（英、德等国）多种炼钢法

三、第二次工业革命对于世界的影响

（一）各主要帝国主义国家由于社会历史条件不同，形成了各自的特点

各主要帝国主义国家各自的特点，见表 2 - 2 - 2 所示。

表 2 - 2 - 2   各主要帝国主义国家各自的特点

国家	类型	帝国主义特点
英国	殖民帝国主义	一直是世界最强大的工业国家和殖民帝国，虽然第二次产业革命后逐渐丧失其工业垄断地位，霸主地位也有所动摇，但凭借广大的殖民地半殖民地依旧维持其强大的国力
法国	高利贷帝国主义	因政局长期不稳，国内市场狭窄，工业发展迟缓，资产阶级不愿投资国内而把大量资金输往国外，以获取高额的高利贷利息

（续）

国家	类型	帝国主义特点
美国	托拉斯帝国主义	完成第二次产业革命后，工业生产总值一跃成为世界首位，生产和资本的集中程度特别高，垄断组织的主要形式是托拉斯
德国	容克资本帝国主义	容克地主和大资产阶级联合专政国家，垄断组织在政治和经济上同封建残余联系密切，资产阶级和容克地主结成联盟，大力推行军国主义和扩张主义等政策
俄国	军事封建帝国主义	帝国主义过渡是在资产阶级革命胜利前完成的，垄断在保持农奴制残余的情况下发展而来，沙皇政府以垄断资本主义来支持、维持强权政治和霸权政策
日本		明治维新以后，紧抓两次产业革命，垄断资本与封建残余密切结合，日本财阀在形成过程中同天皇军国主义密切结合

（二）列强实力发生变化，美德超过英法

两次工业革命的完成和帝国主义的最终形成，使列强间的实力对比发生变化。19 世纪 70 年代以后，英国由于大量资本输出和国内技术设备陈旧落后，工业发展速度日益缓慢下来，逐渐丧失在世界范围内的领导地位。与此同时，美国由于废除奴隶制度，土地问题得到解决，新技术得到及时利用，再加上拥有丰富的天然资源和欧洲大量移民等有利条件，工业生产得到迅速的发展。德国也由于国家的统一，借助普法战争期间从法国夺得的铁矿区阿尔萨斯、

洛林，以及 50 亿法郎赔款，采用新的科技成果，实现了工
业化，同时超过了英国、法国。另外，日本、俄国的工业
发展虽然也相当快，但经济水平依旧远远落后于其他资本
主义国家。

（三）列强矛盾不可调和，第一次世界大战爆发

20 世纪初，帝国主义列强已将世界分割完毕，列强经
济发展不平衡加剧，为了争夺投资场所、倾销市场、原料
供应地，列强之间的矛盾，已发展到了不可调和的地步。
帝国主义时代的原则是按资本和实力重新瓜分世界，老牌
的帝国主义国家为了保持既得利益不肯退让，而新兴帝国
主义国家为满足垄断资产阶级的愿望，要求重新洗牌，这
种矛盾必然引起列强的冲突。

欧洲的国际关系以德俄的崛起为重点，亚太地区则以
美日利益冲突为重点，总体来看，在整个世界关系格局中，
欧洲依然是世界的中心，形成一种欧洲合力抑制新势力的
崛起并尽量维护着和平的局面。资本主义国家间除相互争
斗外，为了自己的利益，它们还相互勾结，组成各种暂时
性的联盟，如神圣同盟、五国同盟等。英德之间早就因为
海外贸易、殖民地和海军竞争形成了种种矛盾，最终因此
形成了以英国、德国为首的两大军事集团，它们的对峙造

成了国际关系的紧张，使资本主义世界体系处于复杂状况中，世界性的战争一触即发。

四、第二次工业革命，中国面临更加严重的民族危机

第二次工业革命以后，随着资本的集中和过剩资本的出现，各资本主义国家相继向帝国主义迈进，主要表现为"资本输出、分割世界"。中国也未能在这场分割世界的狂潮中幸免，帝国主义掀起瓜分中国的狂潮，使中国面临更加严重的民族危机。同时由于帝国主义的入侵，中国的维新变法、辛亥革命等资产阶级领导的救亡图存运动也在蓬勃发展，客观上带动了中国对先进工业成果的吸收转化。

作者点评

第二次工业革命和第一次工业革命最大的区别不是电气和机器，而是"科学"取代"经验"。"科学制造"可以满足人类认知、社交等更高层次的需求，人类只有从"科学制造"之中尝到甜头，才能更加重视科学。正是在第二次工业革命后，科学才开始加速度向前发展。

第 7 章
第三次工业革命，"网络制造"进入人类视野

小故事

　　1945 年夏，日本虽然在第二次世界大战中败局已定，但仍在冲绳等地展开疯狂抵抗，导致大量盟军官兵伤亡，出于对盟军官兵生命的保护，同时达到抑制苏联的目的，美国总统杜鲁门和军方高层人员决定在日本投掷原子弹以加速战争进程，尽快迫使日本投降。

　　1945 年 8 月 6 日、8 月 9 日，美军对日本广岛和长崎投掷原子弹，造成大量平民和军人伤亡。

　　这是人类历史上首次也是唯一的一次遭遇核武器的袭击，我们希望这也是人类历史上最后一次使用核武器、最后一次遭受核武器的伤害。

　　人类以这种方式结束了第二次世界大战，同时也以这种方式开始了第三次工业革命。

一、第三次工业革命，人类进入信息化时代

（一）第三次工业革命兴起的标志

第三次工业革命兴起的标志是原子能技术、航天技术、电子计算机的应用，此外还包括人工合成材料、分子生物学和遗传工程等高新技术的发展。

（二）第三次工业革命基本上完全由美国主导

第一次工业革命由英国牵头，第二次工业革命列强各有千秋，第三次工业革命基本上完全是由美国牵头主导的，这并不是出于偶然，以下条件决定了它的必然性（表 2 - 3 - 1）。

表 2 - 3 - 1　第三次工业革命由美国牵头主导的必然条件

条件	具体内容
技术条件	在思维技术方面，美国的实用主义哲学开始形成；实验技术以军民结合、理工结合为特色；生产方面，电力技术和航空技术领先
物质条件	美国有优越的自然资源，国内市场巨大，有利于规模生产；两次世界大战美国本土都远离战场，没有受到任何战争损失，同时又通过军火等生意赚取了各个交战国大笔钱财
制度条件	美国是第一个资产阶级民主宪政国家，允许科学家的自主创造，政治干预力度小，科学家的自由度较高，导致各种实用性更强的发明诞生

（续）

条件	具体内容
文化条件	美国人来自世界各地，融合了各民族的文化传统；二战中又利用战争争夺到一批优秀的欧洲科学家，如爱因斯坦、冯·诺伊曼等，带动了本国人才的培养，同时建立了各种学会组织，科研体制多元化

二、第三次工业革命的主要发明创造

第三次工业革命的主要发明创造见表 2 - 3 - 2 所示。

表 2 - 3 - 2　第三次工业革命的主要成就

行业	主要成就
信息技术	（英）阿兰·图灵：计算机；（美）互联网
能源技术	（美）芝加哥大学：核反应堆；（美）原子弹；（苏）核电站
生物技术	（美）格雷戈里·平卡斯：避孕药；（英）试管婴儿、克隆技术
空间技术	（苏）人造卫星；（美）月球登陆

三、第三次工业革命对于世界的影响

（一）第一、第二产业从业人数急剧下降，人类进入信息化时代

社会经济结构的变化使国民经济中的第三产业比重上升，超过了第一、第二产业，资本主义国家的国家垄断资本主

义普遍强化。由于生产过程的智能化，智能因素在生产过程中的地位越来越重要。产业结构中的"技术密集"型企业发展速度大大超过传统的"劳动密集"型企业。例如，从事农业、牧业和渔业生产的人口比重，二战前在美国为 30%，在西欧和日本则为 40% 以上。而 1975 年，这一比重在西欧和日本降至10% 左右，1977 年这一比重在美国进一步降至 3.6%。

社会结构的变化使人类日常生活发生变革，第三次科技革命所创造的大量新产品进入人们的生活，给人们带来方便的同时，也在改变着人类的生活，甚至影响着人类的思想道德观念。例如，现代化通信手段的出现，改变了人们交流信息的传统方式，也在改变着传统的人际交际方式；通过互联网，人们观察、认识外部世界的方式和方法也在发生变化；试管婴儿的诞生，有利于解决人类优生的难题，但也给人类的婚姻家庭和伦理道德带来了新的问题。

（二）发达国家与发展中国家之间的差距进一步扩大

第三次科技革命推动了国际经济格局的调整，发达国家与发展中国家之间的经济差距进一步扩大。发达国家在发展新兴产业的过程中，把原先能耗大、浪费多、污染严重的劳动密集型产业——如钢铁、一般化工、机械制造等——转移到发展中国家。国际贸易中的商品结构也发生了根本变化。电脑、软件等知识密集型产品的比重上升，矿物、天然橡胶之类的初级产品和钢铁、铜之类商品的比重则有所降低。

为了建设大型工程项目，发达国家之间还进行了广泛的国际合作，进行高层次的国际分工，使经济国际化的趋势加强。发达国家利用自身控制着尖端技术的优势，对发展中国家出口大量耗资少、附加值高的高技术产品，同时压低初级产品价格，使发展中国家蒙受巨大的经济损失，造成了发展中国家与发达国家之间经济差距的不断加大。

四、第三次工业革命，中国重新追赶上世界科技革命的步伐

二战后一段时间，以美国为首的西方资本主义阵营对新生的中国社会主义政权采取敌视、封锁政策，影响了中国现代化建设与综合国力的全面提高。但与前两次工业革命时不同的是，即使在当时极端困难的国际国内形势下，中国的科学家也能在原子能、航天技术、分子生物等领域取得举世瞩目的巨大科技成就。

改革开放以后，中国积极引进吸收世界先进科学技术、

管理方法，重新迈开追赶世界科技革命的步伐，极大地推动了本国的现代化建设进程。

作者点评

第三次工业革命最伟大的创举是计算机和互联网。以往，不管是机器还是电气，始终脱离不了人的操控，其运行操作必然存在着空间和时间的限制，但计算机和互联网的发明，让制造过程的自动化、智能化成为可能，制造业终于有望摆脱空间和时间的限制。可以说，没有以计算机、互联网为代表的"网络制造"，真正意义上的 3D 打印"个性化制造"和 4D 打印"智能制造"就绝不会诞生。

第 8 章

第四次工业革命，"智能制造"时代即将到来

前三次工业革命推动人类社会进入了空前繁荣的时代，与此同时，也造成了巨大的能源、资源消耗，人类为此付出了巨大的环境代价、生态成本，加剧了人与自然之间的矛盾。进入 21 世纪，人类面临空前的全球能源与资源危机、全球生态与环境危机、全球气候变化危机等多重挑战，因此，很多学者认为第四次工业革命必将是"绿色工业革命"。

一、以 4D 打印技术为最新进展的"增材制造"技术，必将成为第四次工业革命的标志

众所周知，传统制造业制造物品往往是做"减法"，就是把一些材料通过"截断、裁剪、打磨"等方法来获得制

成品，制造过程中免不了浪费原材料，还会带来一定程度的污染。然而，借助 3D、4D 打印技术的制造做的则是"加法"：将粉末等细碎材料逐层堆积，形成最终产品。

设想一下，如果物体能够根据个人指令或预设程序进行变形或改变其属性，那么这个世界将从中获得巨大收益。例如，机翼可根据气流变化自动变形、家具甚至建筑可针对不同功能自行组合拆解等。如果这样，地球有限的资源就可以更好地得到保留，物体也能够被更充分地循环利用：通过指令可以将物体分解为可编程颗粒或零部件，从而能够再次构成新物体或拥有新功能。

在当前世界人口和中产阶层规模都迅速扩张的情况下，4D 打印的长远发展潜力之一在于通过利用更少的资源提供更丰富的产品和服务，从而促进形成一个真正意义上可持续发展的世界。

因此，未来的 4D 打印又被专业人士称为"绿色增材制造"，必将成为"绿色工业革命"的核心。

二、4D 打印产业链初步成型，成为第四次工业革命开始的标志

美国《时代》周刊曾将 3D 打印列为"美国十大增长

最快的工业领域"之一，但同时也认为，尽管 3D 打印技术可堪媲美蒸汽机、电力、计算机等伟大发明，第四次工业革命却不会因为它的出现而立刻发生。但随着 3D 打印给工业生产和经济组织模式带来的颠覆式改变，第四次工业革命已为期不远了。

4D 打印技术的出现绝对是颠覆性的，它具备创造有智慧、有适应性的新事物的能力，彻底改变了传统制造业的造物方式，它的大规模应用，必然带动第四次工业革命的发展。笔者认为，待 4D 打印产业链初步成型，且该技术在公共设施等领域得到初步规模化使用的时候，第四次工业革命就将宣告正式到来。

三、第四次工业革命，中国第一次与发达国家站在同一起跑线上

在过去 200 多年的世界工业化、现代化的历史上，中国曾先后失去过三次工业革命的机会。在前两次工业革命过程中，中国都是被边缘化的落伍者，由于错失了工业革命的机会，中国 GDP 占世界总量的比重由 1820 年的 1/3 下降至 1950 年的不足 1/20。

解放后，中国在极低发展水平的起点上，发动国家力

量，重走工业化道路，同时进行了第一次、第二次工业革命。在 20 世纪 80 年代以来的信息革命中，中国搭上了"末班车"，并借助对外开放成为新工业革命的"追赶者"。

中国的追赶是成功的：已经成为世界最大的 ICT（信息通信技术）生产国、消费国和出口国。进入 21 世纪，中国第一次与美国、欧盟、日本等发达国家站在同一起跑线上，在加速信息工业革命的同时，将正式发动和参与第四次工业革命。

作者点评

第四次工业革命，将是一场全新的工业革命，它的实质和特征，就是利用包括 4D 打印技术在内的"智能制造"技术，大幅提高资源生产率。以历史的视角观察，从工业化的角度思考，都使我们清晰地认识到，第四次工业革命即将来临，中国能赶上这一革命的黎明期、发动期，是不易的、也是万幸的。

第 3 部分　4D 打印，帮助传统企业实现 "互联网+" 战略

2014 年底，联想集团董事长兼 CEO 杨元庆在出席某年会时表示，移动互联网正在深远改变各行各业，无论是传统行业还是新兴行业，在面临着前所未有的机遇和挑战时，创新才是实现增长的最佳途径。

杨元庆承认联想是一个传统的企业，并表示，联想已成立业务变革项目组，业务范围包含从互动式的产品开发和迭代，到互联网营销，包括数字化营销、社交媒体营销、粉丝营销；从 B2B 到 B2C 的在线销售并推动渠道向 O2O 转型，再到构建社区论坛的互助式服务，以实现联想在移动互联网时代的改造和变革。

2015 年 8 月 13 日，联想集团正式对外宣布，将在全球范围内减少约 3200 名非生产制造员工，约占公司非生产制造员

工的 10%，约占联想全球共计约 60 000 名员工的 5%。

虽然，联想最终还是没逃过裁员的残酷现实。对于裁员，联想方面给出的说法是：受全球 PC 市场环境影响，联想集团个人、商用 PC 销量均大幅下降，但仍好于市场平均水平，市场份额创新高。面对市场下滑，联想集团必须继续提升效能和削减开支，以确保所有业务维持稳健和盈利能力。

联想的案例告诉我们：现有传统企业若不做任何改变，直接进入"互联网＋"模式是不可能的。

融合创新和变革转型是"互联网＋"的一个核心，"互联网＋"的基因就是自我颠覆，正如哈佛大学教授可里斯滕森所说，"成功将成为下一个成功的拖累"。摆在传统企业面前的一个巨大难题就是"互联网＋"来临时要如何破解"互联网窘境"，上一个时代的成功是否会成为下一个时代的失败逃不脱的宿命？

在移动互联网时代和"互联网＋"时代，某种价格机制背后的成本因素，如时间成本、谈判成本和协调成本等各种各样传统企业所需承载的成本会大幅下降，最终企业的边界会消失，这和 4D 打印技术带来的"企业生产制造成本不断降低，甚至降至最低；行业间隔不断被打破，企业跨界经营常态化"等改变十分契合。

那么问题来了，4D 打印技术是不是可以更好地推动传统企业迅速实现"互联网＋"呢？

第9章

4D 打印，加快"互联网+"战略实现

2015 年 2 月，工信部、发改委、财政部研究制定了《国家增材制造产业发展推进计划（2015—2016 年）》，旨在从政策层面为国内增材制造技术发展指明方向。

2015 年"两会"期间，李克强总理在政府工作报告中提出要实施"中国制造 2025"，坚持创新驱动、智能转型、强化基础、绿色发展，加快从"制造大国"向"制造强国"的转变。《中国制造 2025》的核心就是信息技术与制造业深度融合，以推进智能制造为主攻方向。在增材制造领域，融合"互联网+"和 3D 打印的"3D 智造云平台"的推出正是推进实现智能制造、产业转型、万众创新的例子之一。

不论是从互联和集成角度，还是从绿色生产、敏捷制造和泛在制造的角度来分析，3D 打印都可以与制造业智能

化升级的理念实现契合。在 3D 打印后期进入大批量规模化生产应用阶段时，必须借助于互联网平台。互联网平台化的业务时代，是 3D 打印的一个重要的发展新阶段。3D 打印技术的发展必然会走向"分布式智造"。"分布式智造"模式将是"互联网 + 3D 打印"的必然选择。

本书第一部分已经讲到，4D 打印的技术原理与 3D 打印技术是一脉相承的，因此 4D 打印同样和互联网密不可分。

一、4D 打印和"互联网 +"相辅相成

（一）4D 打印的关键影响因素

4D 打印的突出特点是产品的自我组装，即通过软件设定模型、刺激和时间，产品会在指定情境下转变为所需的状态。4D 打印技术的广为传播和快速发展，除了对用于 4D 打印的可编程材料的研发有着很高的要求以外，对于模型构建和相关程序的积累和共享，也有着很高的要求。

（二）"4D 打印"和"互联网 +"相辅相成

1. "互联网 +"为 4D 打印技术的规模应用提供数据支撑

第三次工业革命催生了计算机和互联网技术，经过几

十年的发展，当今世界计算机及类似可以登录互联网的设备已几乎无处不在，近年来"云计算""大数据""物联网"等互联网扩展应用和技术的出现，为"模型构建和相关程序的积累和共享"提供了必要的基础。

2. 4D 打印技术的规模应用为"互联网＋"战略的实现提供助力

"互联网＋"战略就是利用互联网平台和信息通信技术，把互联网和包括传统行业在内的各行各业结合起来，在新的领域创造一种新的生态。目前"互联网＋"尚处于初级阶段，部分行业之间壁垒较高，难以找到合适的结合点快速进入"互联网＋"时代，这已经成为"互联网＋"战略最终落地的最大困难。

4D 打印技术直接将设计内置到物料中，简化了从"设计理念"到"实物"的造物过程，让物体如机器般"自动"创造，不需要连接任何复杂的机电设备，颠覆了传统的造物方式。未来，各行业的产业链面临着整合与改革，届时各行业将相互渗透，行业边界将变得十分模糊，甚至消失，"互联网＋"战略落地的最大困难也将得以最终解决。

二、"互联网＋"对传统企业不是颠覆，而是换代升级

（一）"互联网＋"诞生趣闻

2015 年"两会"之后，如果问大家谁是"互联网＋"这个名词的发明者，相信大多数人都会说是李克强总理，其实真实情况是这样的。

1. "互联网＋"概念初现

国内"互联网＋"理念的提出，最早可以追溯到 2012 年 11 月的第五届移动互联网博览会。易观国际董事长兼首席执行官于扬在会上首次提出"互联网＋"概念，他认为："在未来，'互联网＋'公式应该是我们所在的行业的产品和服务，在与我们未来看到的多屏全网跨平台用户场景结合之后产生的这样一种化学公式，我们可以按照这样一个思路找到若干这样的想法，而怎么找到你所在行业的'互联网＋'，则是企业需要思考的问题。"

2. "互联网＋"战略建议提出

2015 年 3 月，全国"两会"上，全国人大代表、腾讯董事会主席兼 CEO 马化腾提交了《关于以"互联网＋"为驱动，推进我国经济社会创新发展的建议》议案，对经济

社会的创新提出了建议和看法。他呼吁，我们需要持续以"互联网＋"为驱动，鼓励产业创新、促进跨界融合、惠及社会民生，推动我国经济和社会的创新发展。马化腾表示，"互联网＋"是指利用互联网平台和信息通信技术，把互联网和包括传统行业在内的各行各业结合起来，从而在新领域创造一种新生态。他希望这种生态战略能够被国家采纳，成为国家战略。

3."互联网＋"战略确定

2014 年 11 月，李克强总理出席首届世界互联网大会时指出，互联网是大众创业、万众创新的新工具。其中"大众创业、万众创新"正是 2015 年第十二届全国人大三次会议政府工作报告中的重要主题，被称作中国经济提质增效升级的"新引擎"，足见其重要作用。

同样在第十二届全国人大三次会议的政府工作报告中，李克强总理首次提出"互联网＋"行动计划："制定'互联网＋'行动计划，推动移动互联网、云计算、大数据、物联网等与现代制造业结合，促进电子商务、工业互联网和互联网金融健康发展，引导互联网企业拓展国际市场。"

（二）什么是"互联网＋"

根据马化腾的描述，"互联网＋"战略就是利用互联网平台和信息通信技术,把互联网和包括传统行业在内的各行各业结合起来,在新的领域创造一种新的生态。简单地说就是"互联网+××传统行业=互联网××行业",但实际的效果绝不仅仅是简单的相加。

其实,"互联网+"并不是新鲜事物,比如,"传统集市+互联网"就成了淘宝;"传统百货卖场+互联网"就有了京东;"传统银行+互联网"就有了支付宝;"传统的红娘+互联网"则出现了世纪佳缘;"传统交通+互联网"催生了快的、滴滴等 App。

(三) 对传统企业来说,"互联网+"不是颠覆,而是换代升级

"互联网+通信"产生的即时通信对人们的生活产生了深远影响,现在几乎人人都在用微信、QQ 等即时通信的 App 进行语音、文字甚至视频交流。然而传统运营商一开始在面对微信这类即时通信工具时简直如临大敌,因为这造成了电话和短信收入大幅下滑。但随着互联网的发展,来自数据流量业务的收入已经大大超过了传统的电话和短信等收入。以此可以看出,互联网的出现并没有彻底颠覆通信行业,反而促进了运营商进行相关业务的变革升级。

在交通领域，过去车辆运输、运营市场不敢完全放开，有了移动互联网以后，传统的交通监管方法受到很大的挑战。从国外的 Uber 到国内的滴滴、快的，移动互联网催生了一批打车、拼车、专车软件，虽然它们在世界各地仍存在各种争议，但它们通过把移动互联网和传统的交通出行相结合，提高了人们出行的方便程度，增加了车辆的使用率，推动了互联网共享经济的发展，提高了效率，减少了排放，对环境保护也做出了贡献。

在金融领域，余额宝横空出世的时候，银行觉得不可控，也有人怀疑二维码支付存在安全隐患，但随着国家对互联网金融的研究越来越透彻，银联对二维码支付也制定了标准，互联网金融得到了较为有序的发展，也得到了国家相关政策的支持和鼓励。

在零售、电子商务等领域，过去这几年都可以看到和互联网的结合，正如马化腾所言："它（互联网＋）是对传统行业的升级换代，不是颠覆掉传统行业。""特别是移动互联网对原有的传统行业起到了很大的升级换代的作用。"

事实上，"互联网＋"不仅正在全面应用到第三产业，形成了诸如互联网金融、互联网交通、互联网医疗、互联网教育等新产业生态，而且正在向第一和第二产业渗透。

工业互联网正在从消费品工业向装备制造和能源、新材料等工业领域渗透，全面推动传统企业生产方式的转变；农业互联网也在从电子商务等网络销售环节向生产领域渗透，为农业带来新的机遇，提供广阔的发展空间。

三、我国"互联网＋"发展情况

据新华社报道，2014 年，中国网民数量 6.49 亿，网站400 多万家，电子商务交易额超过 13 万亿元人民币，全球互联网企业前 10 强有 4 家在中国，目前互联网经济已成为中国经济的最大增长点。

我国的"互联网＋"虽然尚处于初级阶段，但各领域对"互联网＋"都在努力进行论证与探索，特别是那些非常传统的行业，正努力借助互联网平台增加自身优势，例如，很多传统企业已开始尝试营销的互联网化，借助 B2B、B2C 等电商平台来实现网络营销渠道的扩建，增强 O2O 线上推广与宣传力度，逐步尝试利用网络营销带来的各种便利实现业务发展。

与传统企业相反的是，在"全民创业"的常态下，很多新兴企业与互联网相结合的项目越来越多，甚至自诞生之初便具有"互联网＋"的模式形态，因此它们不需要再像传统企业一样进行刻意的转型与升级。"互联网＋"战略正是要促进更多互联网创业项目的诞生，从而无需再耗费人力、物力及财力去研究与实施行业转型。

作者点评

可以说，每一个社会及商业阶段都有一个常态以及发展趋势，其中"互联网＋"的发展趋势则是大量"互联网＋"模式的爆发以及传统企业的"破与立"，而 4D 打印同样是传统企业的转型升级所需面临的重要课题。

第 10 章
4D 打印，如何协助传统企业互联网化

关于传统企业互联网化的讨论很多，大家都想通过互联网平台，尤其是移动互联网平台，为自己的事业添砖加瓦。这些年，中国互联网和移动互联网的发展给了传统行业太多震撼，巨大的市场就像一块巨大的蛋糕，每个人都想吃一口。但是，很多传统企业接触互联网之后却发现，互联网并不像看上去的那么美好，一旦走错一步，则满盘皆输。

一向颇为低调的百度掌门人李彦宏，也在百度联盟峰会上表示：中国的互联网正在加速淘汰中国的传统产业。这是一个很可怕的趋势，毕竟互联网在整个中国还是一个新兴的产业，互联网产业以外还有更多的产业，而每一个这样的产业都面临互联网产业的冲击。当然站在互联网人的角度来说，我们同样也面临着几乎无限的机会。

传统企业能否顺利互联网化，将极有可能决定其未来能否继续生存下去。以 4D 打印技术为最新进展的增材制造技术以"个性化定制"为特色推进"智能制造"，既通过制造连接着传统企业，又通过个性化联系着互联网，其发展将打破传统企业与互联网间的隔阂，协助传统企业互联化，以适应未来的竞争和发展。

一、互联网融合传统商业将成主流

2015 年 7 月，《国务院关于积极推进"互联网＋"行动的指导意见》提出 11 项重点行动，其中"互联网＋"电子商务，要求大力发展行业电子商务，鼓励能源、化工、钢铁、轻纺、医药等行业企业，积极利用电商平台优化采购和分销体系，提升企业经营效率。

业内人士预计，未来 10 年内中国社会消费品零售市场上，网络购物将取代传统渠道成为主要渠道，另外，部分线下购物也多与互联网息息相关。互联网将与传统商业融合，构建社会主导的商业模式。

互联网将成为促进产业升级、引导国家新经济发展的重要通路。其中，"互联网＋"为改造提升传统产业提供了巨大空间。以当前中国传统制造企业面临的重要瓶颈之一：商品大批量生产后的营销问题为例：传统 B2C 模式下，信息传递缓慢而分散，导致出现大量的产品库存现象，与此同时传统制造企业大多并不具备零售能力。而"互联网＋"模式已成为信息经济条件下企业增强竞争力、提升附加值的有力手段。

在"互联网＋"战略下，传统企业开始积极"触网"。比如，浙江巨化股份公司与网盛生意宝宣布拟出资 3 000 万元设立合资公司，共同打造服务于巨化股份的电商平台、互联网供应链管理平台和互联网金融平台。网盛生意宝董事长孙德良称，双方合作旨在更好地帮助传统企业实施"互联网＋"战略，传统企业是实施"互联网＋"的主要载体和践行者，与互联网企业合作是传统企业实施"互联网＋"的重要方式之一。

当前传统企业"互联网＋"主要可概括为三种方式：一是自建平台；二是收购，如百圆裤业收购环球易购并投资前海帕拓逊、奥康国际参股兰亭集势等；三是"借船出海"，通过与第三方电商平台合作来实现"互联网＋"。

二、传统企业容易陷入"伪互联网＋"误区

眼下各行各业正在积极接触和搭建互联网平台。然而，如果不求甚解地盲目"触网"，则存在较大的风险与泡沫，

特别容易陷入到"伪互联网+"的泥潭。

"你以为你在做互联网+吗？很可能你就是做了个网站而已。"

在业内人士看来，当前许多传统企业并未看清互联网商业的核心本质，就轻易进行技术改造，或者盲目跟风，炒作概念，而项目本身又脱离实际，最终只能接受失败的结局。

国内知名电子商务服务与技术供应商，商派 CEO 李钟伟在接受记者采访时曾表示，当前企业"触网"失败主要有以下三种情况：一是企业并没有搞清楚互联网商业的本质，只是简单地把自己的商品放到互联网上；二是热衷于追求概念，花巨资把企业包装成一家所谓的"互联网"公司，但并没能真正服务于企业业务发展的目标；三是目标过于宏大，商业模式听上去头头是道，但不切实际，真正实施起来就会发现"不接地气"。

很多传统企业的"互联网+"其实是"伪互联网+"，目前很多正在"触网"的传统企业，从技术角度来说其实还停留在引进管理软件的状态，这些企业认为"逢网必火"，在天猫、当当、京东上建立了平台，信息化流程也做了，就算是"互联网+"。实际上，这些企业搭建的互联网业务平台，基本上都没有按照用户的需求进行变革，多半处于一种走形式的状态。

深圳一家医药保健品企业，两年前决定加大互联网投资，用互联网手段对集团在全国的两万多个店铺、柜台、网点进行改造，一百多人的技术部门也升级为集团的技术公司。然而两年后，企业负责人发觉这两年在做的其实仍是企业内部的信息化，并不是真正的互联网化；技术公司没有实现店铺网点等用户终端的业务升级，也未能真正地用互联网手段来改造、提升业务流程和商业模式。

苏宁云商董事长张近东表示，传统企业做互联网转型要避免陷入两种极端思维：一种是速胜论，以为做个网站，做个 App 就是"互联网 +"了；还有一种是速亡论，把互联网神化，认为没有互联网基因，就做不成互联网企业。

三、4D 打印帮助传统企业以用户为中心重构商业模式

目前互联网重塑传统产业的进程才刚刚开始。互联网时代，传统企业不再是简单地听取用户需求、解决用户问题，更重要的是与用户随时互动，并让其参与到需求收集、产品设计、研发测试、生产制造、营销服务等环节中来。

互联网转型不可能一蹴而就，传统企业拓展电子商务，在经历了前些年以流量之争为焦点的"电商一战"后，接下来将进入新的阶段，即以客户体验为核心，树立以 C2B（即消费者到企业）为战略的方法论。

传统企业要想与互联网彻底融合，必须培养自己以 C2B 为主导的互联网商业思维，并需要全盘以客户为中心。

以 4D 打印为最新进展的增材制造技术最初因提供"个性化定制"而广为人知，而随着免费设计及开源硬件的增多，更多的人将得到这项技术提供的潜在财富，传统企业更应该充分利用这些资源，发挥自身技术和规模的优势，建立"聚定制"机制，在即将到来的 4D 打印时代，为自身创造机遇与空间。

苏宁的互联网转型逻辑如下：

第一步是"＋互联网"。首先是在平台方面"＋渠道"，上线苏宁易购，开发 PC 端、移动端，收购 PPTV，并进入 TV 端；其次是"＋商品"，不仅把线下的商品搬到网上，还要开拓适应互联网平台的品牌和品类；与"＋商品"类似的是"＋服务"，其理念亦同。

第二步是"互联网＋"。首先通过"互联网＋线下渠道"，丰富实体店的商业形态、品类业态；其次是"互联网＋商品"，突破门店品类展示数量、陈列方式的局限；再次

是"互联网＋服务"，移动支付、场景互联、社交服务成为
O2O 的三大方向。

作者点评

　　传统企业要跟上时代、基业长青、进行"互联网化"，一方面要充分了解互联网行业的特点，找准企业与互联网行业的契合点，另一方面要学习 4D 打印理念，改变企业的内部运营模式，使之与互联网行业更加匹配，只有这样才能尽量减少盲目"嫁接"导致的"排异反应"。

第11章

定制模式，电子商务未来的发展趋势

小故事

《私人订制》的故事梗概是"圆梦四人组"根据客人的各种奇葩需求，专门为其量身订制"圆梦方案"，并最终一一实现愿望。题材中展现的个性化定制这一新商业现象非常值得互联网人士关注，这一现象如果用互联网词汇来解释，那就是C2B，它极有可能成为继O2O之后互联网最热门的商业模式。

这一现象也可以用4D打印术语来进行形象解释："可编程的打印材料"就是"圆梦四人组"，各种奇葩需求是"催化剂"，也就是4D打印软件设定的模型和刺激情境；4D打印的产出品就是愿望的一一实现。

一、4D 打印技术，协助 C2B 对传统生产决策的颠覆

（一）C2B 对传统生产决策的颠覆

对 C2B 狭义的理解是有别于 B2C 的反向电子商务模式，通过聚合分散但数量庞大的用户，形成一个强大的采购集团，并向商家集中采购，也叫反向定制。这是一种由消费者（Customer）发起需求，企业（Business）进行快速响应的商业模式，即客户需要什么，企业就生产什么。

C2B 的核心是消费者角色的变化，由传统企业时代的被动响应者变为真正的决策者。C2B 的崛起是互联网从社会生活的边缘走向中央的必然结果。

在传统工业时代，消费者与消费者、消费者与企业、产业链上下游之间的信息交流是不对等的。随着互联网向传统商业的不断渗入，每一个环节都被重新洗牌。从商品极度匮乏到商品的极度泛滥，互联网用最低的门槛给予了消费者更多的消费选择，信息交流的便捷重构了消费者的消费习惯，这体现在消费者对产品的品质要求越来越严苛，对于个性化的需求变得更为迫切。

C2B 最成功的案例当属小米，这家后工业时代的公司

虽然还在沿用传统的生产模式，但已经能看到 C2B 时代以消费者为中心的商业模式端倪。以更高的商业视角看待小米，或许会发现小米成功的关键因素之一就是把握住了互联网经济时代商业的本质："以消费者为核心"。

（二）C2B 需要 4D 打印技术的协助实现

C2B 模式的重要特征是迫切的个性化需求，若按照传统企业目前的制造模式来践行 C2B，不仅生产速度慢，生产成本也很高，同时还要承担高昂的库存、运输等开支，后续将可能导致 C2B 模式慢慢死去。

随着 3D、4D 打印技术的出现，大规模个性化定制成为可能，传统企业可以利用自身的技术和资金优势，搭建客户需求收集网络，建立 3D 或 4D 打印模型储存库，广布 3D 或 4D 打印网点，快速、灵活地实现客户定制需求，推动 C2B 模式的落地生根。

二、C2B 模式下的几种定制形式

（一）从实现难度及层级角度来看，C2B 现存的模式种类

1. 聚定制

主要通过聚合客户的需求来组织商家批量生产，以规

模化定制降低成本，让利于消费者。此类 C2B 模式对于卖家的意义在于可以提前锁定用户群，有效缓解 B2C 模式下商家盲目生产导致的资源浪费，有效降低企业的生产及库存成本，提升产品周转率，这对于商业社会的资源节约起到了极大的推动作用。目前常见的团购网站如"聚划算"等就属于聚定制的一种。

聚定制只是聚合了消费者的需求，并不涉及对企业产品设计等环节的定制。因此，这一类定制属于 C2B 商业模式里的较浅层次。天猫双十一的节前预售，即属于这种模式，其流程是提前交定金抢占双十一优惠价名额，然后在双十一当天交纳尾款，这是天猫双十一最大的亮点。双十一预热阶段各商家预售产品的集中发布带来了极大的浏览增量，也奠定了双十一当天数百亿成交额的基础。

2. 模块定制

模块定制，是企业端为消费者提供的一种模块化、菜单式的有限定制。

考虑到整个企业供应链的改造成本，为每位消费者提供完全个性化的定制还不太现实，目前能做到的更多的还是倾向于让消费者去适应企业既有的供应链。

引领 C2B 模块定制的代表性企业当属海尔。海尔是国内率先引入定制概念的家电企业，通过海尔商城，消费者可以选择产品的容积大小、调温方式、门体材质和外观图案。

2013 年上线的青橙手机也属于典型的模块化定制产品，手机摄像头、屏幕、内存等组件均可实现定制。

3. 深度定制

深度定制也叫"参与式定制"，客户能参与到产品设计和生产的全流程各个环节。厂家可以完全按照客户的个性化需求来提供定制，每一件产品都可以算是一个独立的SKU。目前深度定制最成熟的行业当属服装类、鞋类、家具类。

以定制家具为例，一些在定制化道路上较为深入的企业已能保证每位消费者都可以根据户型、尺寸、风格、功能完全个性化定制家具产品。对于今天大城市寸土寸金的住宅户型来说，这种完全个性化定制最大限度地满足了消费者对于空间的利用及个性化的核心需求，因此这种深度定制模式正在蚕食成品家具的市场份额。

深度定制最核心的难题是如何解决大规模生产与个性化定制相背离的矛盾。深度定制典型的代表，定制家具企业"尚品宅配"的应对方式可以给大家带来启迪。这家被汪洋副总理称之为"传统产业转型升级的典范"的企业将IT 技术与互联网技术深度整合，通过其设计系统、网上订单管理系统、条码应用系统、混合排产及生产过程系统，实现了家具产品的大规模定制。

（二）从 C2B 产品属性角度划分，C2B 现存的模式种类：

1. 实物定制

不久前，麦当劳公司在美国加州南部市场测试"汉堡定制"项目，该项目即属于实物定制。"汉堡定制"为用餐者提供了更丰富的定制化空间，顾客可以通过安装于 iPad 上的电子菜单，在 20 种汉堡配料中任意选择搭配。

2. 服务定制

对于服务定制，大家比较熟悉的例子有家政护理、旅游、婚庆、会所等。

3. 技术定制

技术定制最前沿的方向就是 3D、4D 打印技术，作为科技界的"当红明星"，3D 打印的应用已遍及航空航天、医疗、食品、服装、玩具等各个领域，在拓展自身领地的同时，也潜移默化地改变着人们对于制造业的传统观念。3D、4D 打印也属于 C2B 时代的产物，如果能解决快速批量定制的问题，则将推动第四次工业革命的最终到来。

三、C2B 行业发展面临的难点

C2B 行业方兴未艾，服务定制已有相对成熟的模式，但技术定制仍需一些时间以积累爆发。目前发展的难点主要集中在实物定制领域。体现在如下几个方面。

（一）全产业链的控制能力

C2B 不仅对单个工厂的生产环节是一个巨大的考验，该行业产业链全流程的每个环节都需要变革。

以手机行业为例，很多品牌（例如小米等）基本上没有自己的生产线，全部外包。青橙手机因为控制了从设计、渠道、营销、品牌、生产等全产业链各个环节，才为柔性化生产提供了可能。

（二）改造的技术难度

个性化定制对企业的设计与生产提出了更高的要求，企业设计产品时需要考虑产品的可装配性，考虑这样的个性化是否有利于生产。传统制造业的产品都是模块化批量生产的，而定制就意味着要为每一件产品独立建模，这意味着对整个生产流程的颠覆性改造。

尚品宅配的做法是将不同客户的每笔订单拆单分解，每块板材都有独立的身份证——条形码，相同尺寸的板材会一起合并批量生产，各个部件生产好后，便可像在中药铺抓中药一样，依照编号，重新合并订单后送达客户。

（三）产品价格和周期

一件定制的服装从客户需求沟通、量体裁衣到最后交付，需要经过十多道工序，生产效率低下。而在生产周期方面，客户下单的零散性、无计划性也给供应链备货、生产排期带来了挑战。定制流程的复杂性传递到产品上体现出来的是价格过高，也因此容易沦为少数人的专享。目前大规模定制的产品价格和生产周期仍然是核心难题。

（四）企业端专业化水平

C2B 需要企业有专业的人才，不但要具备文化修养和沟通能力，还需要精通制作工艺，因为 C2B 带来了消费意识的回归。但对于消费者而言，本身的消费诉求可能是模糊不清的，让他们参与到企业端的设计环节，除了本身水平有限外，消费者是否有足够的耐心和兴趣协助企业端还是个未知数。

（五）客户消费需求的确认

第一，如何确认消费者的需求。只有在企业决策前了解到消费者的需求才能发挥 C2B 模式的巨大潜力。

第二，如何汇集大量订单。C2B 通过聚合分散但数量庞大的用户，向企业发出生产需求，如果无法汇集大量订单，C2B 模式将很难实现。

作者点评

目前，尽管 C2B 模式仍面临诸多障碍，今天仍不足以撼动传统商业的根基，但在未来的 4D 打印时代，伴随着不断消融的传统企业壁垒，C2B 模式将会成为变革商业的重要力量，必将引发一场商业社会的自我革命。

如果你还认为阿里巴巴是这个时代的弄潮儿，还认为天猫双十一的预售是成功的，还认可海尔力推家电定制的战略级眼光，那么你要做的不是选择观望或者等待，而是追随他们的脚步勇敢前行。

第 12 章
大数据信息化，4D 打印商业模式的基础

前面提到 4D 打印技术"个性化需求"的满足模式，和"互联网＋"战略中催生的"大众创业、万众创新"的新经济形态一样，都体现出了信息化发展在大数据的基础上向网络化、智能化、互联化、融合化方向发展的趋势，体现出改写全球经济版图和重塑产业结构的新趋势和新机遇，更体现出了抢占全球大数据信息化战略制高点的智慧谋划。

一、世界发达国家的大数据信息化战略规划

互联网带来的新一轮产业变革大潮，对目前世界发展态势起着决定性的作用，其中大数据信息化战略正是抢占

先机的动力引擎。基于此，全球各发达国家近年来纷纷推出了自己的信息化战略规划。

美国：2011 年到 2012 年间，发布了《网络空间可信身份国家战略》《网络空间国际战略》《网络空间行动战略》；2012 年 3 月，美国政府发布了"大数据的研究和发展计划"，2013 年 11 月发布《支持数据驱动型创新的技术与政策》的报告；2014 年 10 月，波士顿等 32 个城市成立联盟，形成了推进发展 G 级宽带的新机制。

德国：在实施工业 4.0 的同时，于 2014 年下半年发布了《德国研究与创新报告 2014》，注重科技决策咨询和发展战略预见，以科技情报支撑推动科研体系的进一步创新。

法国："创新 2030 委员会"于 2013 年底向总统提交了咨询报告，将大数据的利用作为至 2025 年重点发展领域的七项目标之一。

俄罗斯：2014 年，俄总理梅德韦杰夫批准了《俄罗斯联邦至 2030 年科技发展预测》报告，确定未来将优先发展包括信息通信技术在内的关键领域和研发重点。

日本：2014 年 8 月，通过了《科学技术创新综合战略 2014》，提出了日本至 2030 年亟待解决的政策课题，包括配备领先世界的新一代基础设施等。

韩国：2014 年，公布了《第六次产业技术创新计划
（2014—2018）》，旨在使韩国跻身先进产业强国之列。

新加坡：2014 年下半年推出"智慧国家 2025"计划，
被认为是之前"智能城市 2015"计划的升级版，也是全球
第一个智慧国家蓝图。

二、我国领导人对于大数据信息化的重视

2014 年 2 月，习近平总书记在中央网络安全和信息化
领导小组第一次会议上，提出"网络安全和信息化是事关
国家安全和国家发展、事关广大人民群众工作生活的重大
战略问题"的论断。习近平总书记还强调："信息流引领技
术流、资金流、人才流，信息资源日益成为重要生产要素
和社会财富，信息掌握的多寡成为国家软实力和竞争力的
重要标志。"

2015 年"两会"期间，李克强总理在政府工作报告中
提出，要实施《中国制造 2025》，坚持创新驱动、智能转
型、强化基础、绿色发展，加快从制造大国转向制造强国。
而《中国制造 2025》的核心就是信息技术与制造业的深度
融合，以推进智能制造为主攻方向。

三、我国 4D 打印怎样才能利用好大数据信息化

国内外多项研究成果和企业实际应用结果均指出，若想充分发挥大数据信息化应用的潜力，推动 4D 打印快速发展，相关企业必须从"硬实力"和"软实力"两方面着手。

（一）需提升大数据信息化战略"硬实力"

要推动我国 4D 打印技术未来的应用发展，必须做到以下四点内容：

1. 加快信息基础设施建设，改变宽带和网速落后的现状。

2. 在关键领域逐步实现自主可控，改变受制于人和信息主权频受侵犯的被动局面。

3. 建立智能互联共享信息平台，改变各自为政的信息割据和数据封闭的信息垄断局面。

4. 有序汇集并深度挖掘海量大数据，改变我国数据研究和信息服务相对薄弱的现状。

（二）需提升大数据信息化战略“软实力”

要推动我国 4D 打印技术未来的应用发展，还必须做到以下两点内容：

1. 提高各个层面对信息化战略重要意义、重要价值的认识，改变原本单一的信息意识。

2. 建设一批中国特色新型高端信息智库，为国家信息化战略提供决策咨询。

作者点评

4D 打印时代的技术依托之一将是大数据平台。在世界上的任意一个角落，只要有 4D 打印机存在，我们都可以采用大数据储存的模型文件，打印出所需要的物品。

第13章

分布式制造，彻底打通互联网和制造业

"把握战略点，把握时机，要远远超过战术。一头猪在风口，台风大，它就能飞起来。"小米的雷军一直在做"借势营销"，"飞猪理论"对互联网行业产生了深远的影响。

当今社会投资界纷纷将目光聚焦在移动互联网应用、互联网金融以及智能穿戴设备等项目。不可否认，在互联网向传统行业不断渗透深入的当下，这些项目都会改变人们的生活，它们目前的确是一批"风口上的猪"。

以大数据信息化为基础的"分布式制造"，将更好地克服3D、4D打印目前"打印速度慢、材料种类少"等困难，未来将彻底消除互联网和传统企业的行业隔阂，给人类社会带来深刻的变革。

一、传统制造业的生产、销售模式存在的问题

传统制造业的生产和销售模式是在工厂里通过流水线作业，将产品生产制造出来，然后通过线下的销售渠道（批发商、零售商）、线上的电商平台等，将产品发送到世界各地的消费者手中。但随着互联网的不断渗透深入，传统制造业慢慢呈现出以下缺点：

（一）设计阶段，大量设计作品被浪费

厂家难以准确把握市场的具体需求，又因为昂贵的开模费用，只得从众多的设计作品中有选择地挑选一个或几个来生产，很多优秀的设计作品无法进入生产流程实现价值。

（二）生产流动阶段，消耗大量资源

生产之前，原材料要通过物流环节运送到工厂。

生产过程中，采取模具铸造和机械加工等方法，其造型能力受制于所使用的工具，物体形状越复杂，浪费的物料越多，制造成本也越高。

产品生产出来后，需要运送到各地，这一过程需要占

用能源、交通、仓储、人力等很多资源。

（三）消费阶段，产品不一定能真正得到用户的喜爱

通过传统制造方式生产的产品，能满足一定的刚性需求，但在创意、设计方面却未必能受到用户的欢迎。就算用户能接受，可能也是因为用户没有更多的选择。

医治传统制造业这些顽疾的最好方式，就是建立以大数据为支撑的设计师平台，结合 3D、4D 打印"个性化定制"的优点，在相应的市场范围内广布"分布式制造"点，尽可能地降低产品成本。

二、3D、4D 打印技术，反对声音层出不穷

3D、4D 打印技术将实现"个性化定制"，具有按需制造、废弃副产品少、材料组合多样、精确实体复制、便携制造等多种优势，另外，据测算还可以降低约 50% 的制造费用，缩短约 70% 的加工周期。正如其他新科学技术的普及一样，虽然 3D、4D 打印技术拥有以上优势，来自部分专家学者和企业家的质疑和反对仍层出不穷。

富士康科技集团董事长郭台铭曾指出，3D 打印"只是

噱头"，如果真的能颠覆产业，"那我的'郭'字倒过来写"。

TCL 董事长李东生也认为，关于 3D 打印的大部分说法言过其实，他不相信用 3D 打印技术能够做出一台电视机来，"从哪个角度来看都没有可能性"。

赛富亚洲投资基金合伙人阎炎说："我不认为（3D 打印）马上对产业会有革命性、风暴般的影响，但会逐步改变。它不像互联网技术、干细胞技术，深刻改变整个人类生存方式。"

沃顿商学院教授卡尔·乌尔里希（Karl Ulrich）在为《华尔街日报》撰写的一篇专栏文章中指出："3D 打印每个材料单位都必须层层叠加。所以，3D 打印的速度很慢。"根据乌尔里希的说法，工厂中一台注塑机每 15 秒就可生产 100 个完美无缺的塑料勺子，但性能最强大的 3D 打印机每 10 分钟只能生产一个勺子，这样使生产效率降低了 4 000 倍。由此在他看来，3D 打印技术在批量制造中的确不占优势。

三、分布式制造，3D、4D 打印的现实落地

（一）什么是分布式制造

分布式的概念，在《第三次工业革命》的作者，美国

经济学家杰里米·里夫金的思想中已有体现，只不过他提出第三次工业革命的代表是分布式能源。

3D 沙虫网联合创始人 wps2000 认为，分布式制造与分布式能源并不矛盾，只不过一个是未来工业的生产方式，另一个是未来生产的原动力。

在分布式制造的基础上，产品生产的单位时间消耗变得无足轻重，1 万个分布式制造点生产出单个成品，与 1 万个成品在 1 个加工厂制造，其产能一样，且分布式制造还将取消仓储、物流环节。

（二）3D、4D 打印的现实落地

要实现分布式制造，首先必须拥有以数量庞大的设计作品为基础的设计师平台；其次必须拥有以数量足够的分布式制造点为基础的生产和销售平台，以上这两点必要条件，和 3D、4D 打印的特征极其相符，在 3D、4D 打印时代也比较容易实现。

分布式制造将互联网与传统企业间的隔阂彻底消除，创新思想得以实现，充分应用了 3D、4D 打印技术的分布式制造点，可以更好地为制造点周边用户提供个性化定制产品。

在分布式制造中，由于必须要有一个设计师平台，由此将会形成一种全新的 D2U（Designer to User）商业模式，即线上的设计师直接与用户对接，从而省去大量的中间环节。

四、分布式制造，将极大压缩传统电商的生存空间

以大数据平台为基础的 3D、4D 打印分布式制造模式一旦形成，极有可能会产生颠覆性力量。

（一）压缩传统电商的生存空间

当前电商的运营模式是，在网上促成用户交易，通过物流将产品发送到用户手中。而未来，分布式制造的运营模式将是根据人们居住情况，布置分布式制造点，以就近提供相应的产品。人们可以在分布式制造点的数据库里选择数字模型，然后打印出来。

按照目前美国"每 4 公里范围内有一台 3D 打印机"的普及程度，在未来的中国，由于人口众多，分布式制造点的辐射强度会大大提高。可以预见，在这种制造方式的影响下，未来电商的作用会大大缩减，只能销售 3D、4D 打印技术无法完成的产品，而物流的作用，则将更多地体现在

对 3D、4D 打印耗材的配送。

（二） 改变制造模式和就业模式

从政治经济学的角度来看，现有的资本主义生产关系的实质是以生产资料私有制为基础的雇佣劳动制度。资本家占有生产资料，包括土地、厂房、机器设备、工具、原料等，被雇佣的劳动者付出劳动以获得薪酬。

分布式制造的重要意义在于：生产工具（3D 或 4D 打印机等）不再被少数资本家独占，每一个个体劳动者都拥有自主生产工业化产品的能力，这将极大地提升他们的创新动机，这种模式是对传统工业化大生产，特别是对劳动密集型制造业的重要突破，将会极大地提升人类社会的生产力，改变当前的产业结构，甚至改变社会结构。

（三） 极大地冲击现有物流体系

京东：从 2007 年第一轮融资 1 000 万美金起，就开始自建物流，目前在全国 36 个城市拥有 86 个库房，其目的就在于减少物流和配送环节，尽可能快速地将商品投送到消费者手中。

阿里巴巴：2013 年 6 月，宣布计划在 10 年内分期投资共计 3 000 亿元以上，建立能支撑日均 300 亿网络零售额、保证 24 小时内送达全国各地的物流网络体系。

然而刘强东、马云以及一些投资人并没有看到，新的分布式制造模式将改变物流体系。中科院计算机技术研究所上海分所所长、上海张江科技创业投资公司首席专家孔华威认为，3D、4D 打印对物流业影响最大："因为像杯子、装饰品、手机外壳、汽车零件等一些小的东西在物流中占的比重不低，尤其是现在以年轻人为主导的网络购物。那么 3D 打印将给人们带来的是，可以只购买模版，然后省去运输的费用与繁琐，自己在家里完成产品。似乎听起来不大可能，但科技永远是向前发展的。"

作者点评

现有的 3D、4D 打印技术，特别是桌面级 3D 打印技术，还无法彻底实现分布式制造，但增材制造技术同样也是遵循摩尔定律的，笔者相信在未来 5 至 10 年，3D、4D 打印技术及分布式制造模式将会有巨大的突破。

第 14 章

4D 打印，"云计算"的一个成功案例

随着智能手机、平板电脑等新型电子设备，以及微信、微博等网络服务的出现与发展，科技产品已经完全融入了我们的生活和工作中。

两年前，"云"对于大多数人来说还是个比较陌生的概念，而现在，云存储、云控制、云呼叫等基于云计算的服务全面来袭，已经让我们的生活和工作变得"晴转多云"了。

在"互联网＋"战略的推动下，4D 打印可以与物联网技术、云计算、大数据、机器人等实现融合，深刻改变未来的工作与生活。

一、云存储是 3D、4D 打印的技术基础

3D、4D 打印倡导的"个性化定制"和分布式制造所需

要的"D2U 商业模式"决定了很多模型不可能等到需要制造时再行设计或重新设计：这将导致效率极其低下，并将严重延缓 3D、4D 打印的普及。为了解决这个问题，必须建立一个平台，供设计者和使用者上传下载相应的模型，这就需要发挥"云存储"的威力了。

"云存储"是在云计算概念上延伸和发展出来的一个新概念，是指通过集群应用、网格技术或分布式文件系统等功能，将网络中大量各种不同类型的存储设备通过应用软件集合起来协同工作，共同对外提供数据存储和业务访问功能的一个系统。

当云计算系统运算和处理的核心是大量数据的存储和管理时，云计算系统中就需要配置大量的存储设备，此时云计算系统就转变成为一个"云存储"系统。可见，"云存储"是一个以数据存储和管理为核心的云计算系统。

二、"云计算"是互联网的衍伸

"云计算"是基于互联网的相关服务的增加、使用和交付模式，通常涉及通过互联网来提供动态的、易扩展的，且经常是虚拟化的资源。

云是一种比喻的说法。常用于表示互联网和底层基础设施的抽象。云计算可提供强大的运算能力，可以模拟核爆炸、预测气候变化和市场发展趋势。用户可通过电脑、手机等终端接入数据中心，按自己的需求进行运算。

当前对"云计算"的定义有很多种，但广为接受的是美国国家标准与技术研究院（NIST）提出的定义：云计算是一种按使用量付费的模式，这种模式提供可用的、便捷的、按需的网络访问，进入可配置的计算资源共享池（资源包括网络、服务器、存储、应用软件、服务），这些资源能够被快速提供，只需投入很少的管理工作，或与服务供应商进行很少的交互。

三、3D、4D 打印与云计算"联姻"有助于加强用户"粘度"

以大数据分析平台作为基础，云计算技术能够让 3D、4D 打印产品和项目变得更加"接地气"，通过对广泛人群的局部特征进行扫描、采样，将信息汇聚到云计算中心，形成规模庞大、可详尽分析的数据库，再结合 3D、4D 打印定制化生产的特点和传统制造批量化生产的优势，将虚拟的数据转化为实体成品的特征。

传统电商的优势主要体现在交易的便捷性，但用户在交易完成后，很少对平台本身产生依赖：在提供同质服务的电商之间，用户选择的余地很大。而结合大数据分析平台和定制化生产的技术运营模式能够很好地了解用户需求，进而提升用户体验，并最终达到提高用户"粘度"的效果。

四、国内外 3D、4D 打印与云计算"联姻"案例

（一）国外：基于云计算的 3D 打印机网络 3DprinterOS 发展迅猛⊖

2015 年，3D 打印操作系统 3DprinterOS 开源其云客户端，该系统旨在帮助用户管理 3D 打印作业，将任何一款 3D 打印机与 3DprinterOS 的云平台建立连接。

3 个月后，该公司宣称其基于云计算的用户平台发展得非常迅速，其网络已经拥有超过 2 000 台在线的 3D 打印机，涉及到 83 个国家 920 座城市的 4 700 名用户，另外这 2 000 多台 3D 打印机曾在一周的时间内生产了超过 8 100 件 3D 打

⊖　来自 3D 打印联盟 3dp. uggd. com 的相关资料。

印产品。

据了解，目前，3DPrinterOS 网络中的一半用户都来自学校或与教育机构关系密切的单位，尤其是那些拥有多台 3D 打印机的创新中心尤为欢迎新软件横跨多台 3D 打印机与多台电脑的管理功能，管理人员通过云平台即可轻松管理所有的打印数据。

3DPrinterOS 公司声称，这 2 000 多台 3D 打印机的平均分享率为 2:1，这意味着，每一台 3D 打印机接入网络，其功能与产品就将与附近的另外两个用户实现共享。

（二）国内：天宝 3D 模型库增加支持云端处理 3D 打印功能

天宝公司（Trimble，纳斯达克股票代码：TRMB）2014 年 2 月宣布，其旗下的三维模型库（3D warehouse）网站已经支持云端处理 3D 打印的功能，模型库已经拥有超过 270 万个高质量的可直接用于 3D 打印的模型。

用户在上传自己的模型时只要勾选"I want this to be 3D printable"选项，并将模型设置为公开，三维模型库就能够自动在云端对该模型进行处理，一段时间后，下载选项就会增加一个 STL 格式的文件下载，这种格式的文件可以直接发送到任何 3D 打印机上进行打印。

作者点评

4D 打印时代所依托的将是大数据平台，企业如何才能在浩如烟海的大数据中寻找可以满足消费者需求的模型文件呢？这就需要企业了解与云存储和云计算有关的信息。

互联网（尤其是移动互联网）正在彻底改变人们的生活方式，传统行业面临向"互联网+"转型的关键时期。如何利用 4D 打印等先进技术修炼内功，保证自身能够适应新时代的要求，值得每一位传统企业的管理者深思。

第 4 部分 | 4D 打印，推动生活大变革

本书的第 2 部分已经提到前三次工业革命给我们的生活带来了哪些变化，其中很多发明，如蒸汽机、电灯泡等，在时间上离我们目前的生活已非常遥远。

当前，我们生活在一个互联网十分发达的时代，人们见面后的第一句话不再是"您吃了吗？"，而是"您今天淘了啥？""您今天赚了多少钱？"等。

那么，问题来了，3D、4D 打印技术普及后，我们的生活将是一个什么样子的？ 人们见面后的第一句话将会是什么？

第 15 章
4D 打印时代，"山寨"货还存在吗

2008 年夏天，三星电子中国总公司一片紧张，因为其瞄准全球市场推出的下一代大屏触摸手机"SGH-i900"已经被仿造出来了，且已经登陆中国市场，这一中国仿造产品叫"Anycat"，与三星的"Anycall"非常容易混淆。

三星公司立刻派人收集该产品并进行了分析，结果令人十分震惊，中国仿造品不仅功能和技术上不亚于真品"SGH-i900"，销售价格更是只有真品的 1/3，甚至 1/5。

三星经过对其生产厂家的追查发现，"Anycat"出自深圳的一家工厂。出乎很多人的意料之外，三星没有以侵犯知识产权为由起诉这家工厂，反而建议相互合作。不过据说这家工厂拒不合作，仍旧选择了"盗版厂商"之路，究其原因，估计是考虑到如果转为正规企业，就要面临报批、上税、售后管理等很多麻烦。

这是 2008 年一个十分搞笑的"山寨文化"故事。当我们进入 4D 打印时代，"山寨"将何去何从？是继续存在，还是逐渐消亡？

一、4D 打印时代，"山寨"依旧存在

（一）4D 打印技术本身就存在"山寨"生长的土壤

随着 4D 打印技术的发展和普及，估计很多人再也不会高价购买知名商品，而更愿意以低廉的成本购买原材料在家自己打印所需的物件。但是，由于 4D 打印需要预设模型的样式和特点，每件 4D 打印产品的模型不可能均由打印者自己设计：且不说很多打印者在建模方面技术水平不够，就算水平足够，也必须耗费大量时间进行设计。

前文已经提到，互联网技术的高度发达，让"云存储"成为 4D 打印的基础，打印者可以借助互联网下载或在特定的数据库中寻找所需要的模型，用以开展打印工作。

一旦物品能用数字文件来描述，它们就将很容易复制和传播，当然，盗版也会更加猖獗，如同互联网上疯狂的音乐以及盗版电影下载一样。

（二）国家缺少相关法律保护会造成 4D 打印"山寨"横行

前段时间网上有个话题："从平面到立体的 3D 打印是否属于复制？"各方讨论十分热烈，很多专家学者纷纷就此发表自己的意见，但我国著作权法对此问题却未有提及。另外，在实际执行过程中我国的法院有关是否构成复制的判断标准也不完全相同。可见，我国目前缺少这方面的保护性法律，若不加以完善，4D 打印时代到来后"山寨"将继续泛滥。

案例一：在 2006 年的"复旦开圆案"中，被告在未经合法授权的情况下，将平面的生肖卡通形象转换成立体的储蓄罐，被法院认定为侵犯了原告的复制权。

案例二：在"摩托罗拉著作权案"中，法院却认定，摩托罗拉公司按照印刷线路板设计图生产印刷线路板的行为是生产工业产品的行为，不属于著作权法意义上的复制行为。

（三）国外已经出现 3D 打印侵权纠纷

2013 年，美国的 HBO 电视网向 Fernando Sosa 发送了一封勒令停止通知函，要求他停止销售一款由 3D 打印制作的 iPhone 手机座。HBO 认为，他制作的手机座抄袭了该电视台热播剧《权力的游戏》（Game of Thrones）中铁王座（Iron Throne Chair）的创意。尽管 Sosa 是在 Autodesk Maya 软件上设计的这款手机座，但 HBO 拥有这部电视剧的版权，包括剧中的人物，以及任何出现在剧中的物体，即便这个物体是无生命的。

二、4D 打印时代，"山寨"不仅仅只是"创意的模仿和抄袭"

（一）打印机"山寨"

增材制造时代，对打印机本身的"山寨"并不困难。以 3D 打印为例，由于很多 3D 打印核心专利从 2009 年起已经陆续到期，因此在国外的开源社区，3D 打印机的设计图、原料表、执行软件等都已经授权出来，很容易免费获得。3D 打印创业者投资十几万元，请"懂英文的大学生"从国外开源社区下载设计图纸、规格说明书、控制软件、说明文档等，国内所谓"3D 打印自有品牌"就诞生了。创业者甚至可以直接购买国外开源 3D 打印机厂商的解决方案，一步到位。这些情况导致国内存在大量的山寨 3D 打印机，虽然价格低廉，但没有知识产权，导致技术水平不高，打印质量差，厂家甚至没有能力指导消费者使用、维护打印机，只能提供国外开源社区的网址，让用户自己解决。

（二）扫描仪"山寨"

对于 3D、4D 打印而言，最关键的一个环节是建模。以 3D 打印为例，目前最常用的方法是通过 3D 扫描仪扫描获取。在电影《普罗米修斯》中，发出红光在洞穴中飞行扫描然后呈现出整个洞穴结构的装置，就是一种 3D 扫描仪。

一般来说，3D 打印机生产商自己也可以制造 3D 扫描仪，所以，部分中小型硬件厂商会等大厂的扫描仪产品出来后，快速推出廉价的复制品，也就是"山寨"扫描仪。

三、"山寨"的出现仅仅是因为法律不健全吗

目前部分学者认为，中国"山寨产品"出现的根源，主要有以下两种：

一是不少国人缺乏创造和想象力。"山寨"文化在中国之所以有市场，部分学者分析认为是因为中国的教育理念中缺乏创新意识。中国从小就是"范文式"教育，老师给出文章，学生负责模仿，一直处于这样的教育氛围中，让

孩子们的想象力和创造力被扼杀，只能一味模仿。

二是中国社会对知识产权的保护不到位。中国知识产权保护的乏力助长了"山寨"现象，西方媒体普遍认为，经历了建国初期几十年的艰苦岁月之后，中国人一直在努力提高生活水平，但至今都未能把握住现代社会公民精神的精髓（在创造财富时遵守既有社会规范，包括尊重他人的知识产权）。

很多人认为，"山寨"最根本的原因在于中国社会比较善于"变通"。但"山寨"者的行为，多已超出了"变通"的界限。按照《现代汉语词典》给出的解释，"变通"是指"依据不同的情况，作非原则性的变动。"显然，以侵害他人权益为特征的"山寨"，涉及到的是原则问题，已不能简单地以变通为名轻描淡写、搪塞过关。

"山寨"产生的根源和流行的原因很复杂，对常见的制假贩假者来说，他们的目的只有一个，即赢利。目的看似合理，但手段非法，这一点各方并无异议。有人认为，制假贩假至少解决了部分人群的就业问题。其实有这种想法也是"变通"在作怪：总有人会为那些目的看似合理但手段纯属非法的短期利益摇摆不定，尽管此类作法永远拿不到台面上，也决非长久之计。

不知从何时起，学术界开始流行这样一种说法，即中国人缺少法律精神，一些学者喜欢以孟德斯鸠为例，将法律精神和中国传统文化甚至社会经济发展捆在一起加以谈论。其实，法律精神的欠缺正是因为"变通"过度的缘故，过于寻求"变通"会使得法律和规则形同虚设。在不少国人心中，规则可能损害自己的利益，或者虽未损害，但自己能从"变通"中获得更大利益。因此，对这一部分国人而言，凡事皆"变通"似乎成为了一种生存之道。

四、世界对中国"山寨"的不同看法

（一）我国的"山寨"和西方的"山寨"是不同的

西方的"山寨"是随着硬件创新的复兴趋势而成长起来的，由于制造业的高壁垒，西方的"山寨产品"更偏向于自娱自乐，而不是产品制造。而中国作为全球重要的制造基地和发展中国家，"山寨产品"更倾向于商业和消费使用。

（二）日韩对中国"山寨"的不同看法

1. 日本：坦然接受

在二十世纪五六十年代国内经济大发展时期，日本制造业的模仿学习之风也十分盛行，甚至到现在，日本的"山寨产业"仍旧很发达。相似的经历使得日本对中国的"山寨货"抱有一种坦然接受的心理。中日两国近些年来交流日益频繁，文化互有输出。对中国的"山寨"文化，日本人更多地抱着一种好奇的旁观者心态。

2. 韩国：震惊中带着趣味

韩国最具影响力的报纸《朝鲜日报》曾刊载了一篇题为《"山寨"现象中流淌着中国侠客文化》的文章，其中不仅带有作者震惊的情绪，更多的是颇觉有趣。文中举的例子就是本章开篇所举，三星手机被"山寨"的故事。

韩国人对于此事非常震惊，因为"山寨货"与传统意义上的"假冒伪劣"不同，其技术含量之高，足以让世界顶级企业都感到紧张。虽说在模仿著名商品这一点上，"山寨"和"仿造"的性质是一样的，但"山寨"能够利用公开的和自有的技术生产出质量堪比真品的产品，这是单纯的仿造做不到的。韩国人颇有趣味地指出，无名企业与世界品牌抗争的格局，很像是《水浒传》中"梁山泊"一类的绿林好汉对抗强势官府的现代商业翻版。

五、关于"山寨"的一些趣闻

(一)"山寨"自古就有"抄袭、模仿"之意

根据百度百科的描述，古意中"山寨"指绿林好汉占据的山中营寨，可以看作是某种非正规、小规模的政权，它模仿正规政府配置，占地一隅自立为王。请注意，这种小政权是模仿正规政府的，因此后来"山寨"就有了"抄袭、模仿"的引申含义。

另外，部分材料还提到，如今的"山寨"一词源于广东话，带有"小型、小规模"乃至"地下工厂"的含义，其主要特点是"仿造性、快速化、平民化"。

(二)"山寨"为何成为 2008 年度"热词"

21 世纪以来，随着互联网产业的高速发展，"山寨"也开始引发越来越多的关注，并越来越从一种表层的形式转向文化内涵的生成，主要体现为从草根化、平民化中创造成就自我之路，自娱自乐、天下共赏。随着山寨手机、山寨厂商、山寨明星等的层出不穷，到 2008 年末，"山寨"一词彻底红遍大江南北，从一种现象转变为一种产业，又

从一种产业转变为一种文化。

（三）只有中国才有"山寨"吗

中国不是"山寨"的"专利国"，事实上，还有很多国家曾经"山寨"过，或者仍在"山寨"中。

日本：在二十世纪五六十年代的大发展时期，日本产品也是靠"山寨"货起家的，诸如索尼、丰田等品牌，当初也是从某个小作坊发展起来的，甚至到现在，日本的"山寨"产业仍旧很发达。

印度：最大的"山寨"——宝莱坞（连名字都那么"山寨"），生产了大量直接照搬好莱坞电影桥段的电影，如《风月俏佳人》《国王与我》等都成了"山寨"的对象。

作者点评

在不少国人心中，"凡事皆可变通"似乎成为了一种"生存之道"，这种观念在重视知识产权保护的 4D 打印时代应该如何加以引导和纠正，值得深思。

第 16 章
4D 打印时代，网购尚能饭否

在 4D 打印技术应用普及后，4D 打印模型将得到迅速推广，对于 4D 打印用户来说，"模型修改服务""可编程打印材料"必将成为刚需。

4D 打印扫描仪、打印机等硬件的生产门槛较高，不适合一般势力较弱的"散户"进入，但对于实力强大的设备制造商和分销商来说却十分容易；可编程材料和模型修改服务的提供则门槛较低，必然成"散户"的首选，但可编程材料的制造商和分销商凭借其优良的产品质量和服务质量，不仅不会拱手让出这方面的市场，甚至可能会收编或者消灭这些"散户"。

那么问题来了，4D 打印时代的网购，究竟会以"商家到客户的 B2C 模式"为主导，还是以当下大行其道的"散户到散户的 C2C 模式"为主导呢？

一、4D 打印初期，"C2C 模式"依旧主导

（一）国内 3D、4D 打印技术暂时落后，让 3D、4D 打印设备等"海淘"成为刚需

中国工程院院士卢秉恒曾表示，目前我国在 3D 打印产业发展方面距离美国仍有很大差距，主要表现如下：

1. 没有形成产业链、工业环境不配套。

2. 一些核心技术和关键器件（如 3D 打印机中的激光器）对国外依赖较大。

3. 打印材料质量和品种上还远不如美国、德国丰富，许多研发的实验材料也需要进口。

4. 最大的差距体现在应用上。

虽然 4D 打印目前还未像 3D 打印这样普及，但从现有的研究进度报道来看，我国在 4D 打印材料等方面的研究目前同样落后于美国。

近年来中国中产阶层的快速崛起催生出很多人对于新鲜科技的探索和使用欲望，但受限于以上因素，部分 3D、4D 打印产品，甚至打印设备、打印原料等都必须从国外"海淘"而来。

（二）海淘 C2C 来势汹汹，电商巨鳄纷纷加入

有一位中国妈妈这样形容自己的一天：

早晨，将从新西兰进口的奶粉装在美国产的奶瓶里喂宝宝。

中午，用日本的洗涤液清洗餐具。

下午，出门散步时让孩子坐进德国产的童车里。

傍晚，回家后给孩子用法国浴液洗澡。

晚上，睡觉前再给孩子撒上美国的爽身粉。

上述情景是不是让你觉得很不可思议？虽然其中的描述有些夸张，但这的确反映了"海淘"给我们的生活带来的改变。

1. 知名电商纷纷加入"海淘"行列

Paypal 数据显示，2014 年中国海淘消费者达 2 100 万人，海外购物金额高达 3 500 亿元。据预测，到 2018 年，海淘消费者将达到 3 560 万人，市场规模将达到 1 万亿元。如此庞大的市场，电商巨鳄们怎会无视呢？

于是，天猫国际、京东海外购、苏宁易购海外购、1 号店"1 号海淘"等纷纷加入"海淘"队伍，中国亚马逊也在 2014 年"双十一"前上线了中文海淘网站"海外购"。

另外，在国内外电商巨头纷纷布局"海淘"市场的同时，部分创业品牌也强势杀入战场，融资声音不断，"海淘"草根平台正在以一种异乎寻常的速度强势崛起。

2．为什么"海淘"会来得如此凶猛

经济学基本常识告诉我们，特定国家、地域借助运输成本、海关、时间成本等因素形成区域垄断市场。

但三大因素使得跨国消费交易越来越频繁：

第一，不断开放的贸易政策主动打破国家及地域垄断。

第二，中产阶层的快速崛起催生出对国外优质商品的需求。

从上面中国妈妈一天的故事中，我们可以发现，大多数人开始海淘的原因很简单，就是为了购买安全、有品质的商品。当他们发现海外购买的商品，哪怕加上关税和转运费，价格也比国内同类商品便宜一大截或国内缺乏同类商品时，这个群体开始迅速扩大，高品质、价格便宜、品种繁多的海外商品洪水一般涌入国内市场。

第三，政策的开放也从宏观层面为整个市场注入强心剂。

从 2013 年至 2015 年，多部委已出台涉及电子商务领域的政策。国务院总理李克强在 2015 年两会政府工作报告中提出"扩大跨境电子商务试点，鼓励电子商务创新发展"

之后，宁波、上海、重庆、杭州、郑州、广州 6 个城市试点跨境电商贸易开通，国内跨境电商市场被点燃，海淘时代已经真正到来。

（三） C2C 海淘模式，跨境电商的未来

1. 海淘电商，C2C 模式、B2C 模式有哪些

目前，国内海淘市场尚处于起步阶段，随着"海淘 1.0"时代的到来，海淘平台涌现"垂直类 B2C、综合性 B2C、综合性 C2C"三大模式争奇斗艳的局面。当下海淘市场需要大商家、大平台作为支撑，天猫、亚马逊扮演了支撑这一阶段海淘市场发展的重要角色。另外，天猫、亚马逊这类大商家也借着其规模效应直接刮起了现阶段的海淘"东风"，最大程度地提高了国内消费者的生活品质。

B2C 海淘平台直接面向消费者销售海外产品和服务，典型代表有蜜淘、中粮我买网等。

C2C 海淘平台则作为第三方平台，为海淘买手和消费者搭建网络桥梁，典型代表有淘宝全球购、京东海外购以及淘世界等。

2. 海淘电商，C2C 模式、B2C 模式孰优孰劣

作为网络零售业跨境电商的经营模式，B2C 与 C2C 之

争从未消停过。

在目前的市场格局中，B2C 海淘平台拥有标准化的优势，并且对物流、跨国贸易规则有着充分的理解，扮演着国内海淘市场探路者的角色，备受相关投资者的青睐。另外，B2C 海淘平台还可以通过大规模采购降低成本，在物流及海关等环节最大限度地降低税费，形成较强的价格优势，进而吸引更多订单。B2C 海淘模式在海淘发展初期阶段筑起较高壁垒，并获取一定的垄断优势。

同样，具有科技含量高、产品单价贵等特点的 3D、4D 打印设备、原料、产品等的初期海淘也应会以 B2C 模式为主，国内外某些大公司、大平台将牢牢占据垄断地位。

但随着海淘市场的变化，C2C 的后发优势显得越来越明显，主要表现如下：

第一，个性化时代到来。3D、4D 打印消费者不再满足于 B2C 平台种类有限的标准模型或商品，B2C 海淘平台将无法满足消费者更多个性化定制的长尾需求。

第二，互联网时代到来。3D、4D 打印消费者更加在意购物场景与购物体验，于是，C2C 海淘平台及垂直领域的海淘平台迎来前所未有的发展机遇。

第三，"意见领袖"崛起。

伴随着消费者行为的改变产生的"粉丝经济""意见领

袖"不断崛起，代购、时尚买手等为海淘客带来更多价值
的同时也形成了自身的"粉丝"群体，买手们通过 C2C 平
台或者自身的社交平台汇聚大量 3D、4D 打印爱好者，使得
C2C 平台扩张的边际成本降低，并为 C2C 平台带来比 B2C
平台更为丰富的海外商品。

另外，C2C 海淘模式也最能够体现移动互联网的特点
和优势，规模不一、商品种类不同的商家能够聚集在一个
交易平台上，随时同来自不同地区数量巨大的买家进行交
易。借助 B2C 海淘模式要想实现这样的目标几乎是不可想
象的。C2C 海淘模式节约了大量的市场沟通成本，为买卖
双方创造了利益。据统计，目前 C2C 海淘模式正在以年均
30% 的增速发展，伴随着个性化海淘这一长尾需求被逐步
强调，C2C 海淘模式的潜力将越来越大，这点在以"满足
个性化制作需求"为特点的 3D、4D 打印时代表现得将尤为
突出。

3. 海淘 C2C，也非万能

机遇永远伴随着挑战，国内传统 C2C 电商遇到的问题
也将困扰海淘 C2C，例如：

第一，买卖双方信任度的问题。

第二，买手专业度问题，用户订单履行是否可靠。

第三，供应链稳定问题，买手是否可能囤货。

第四，买手招募管理问题，即平台方对买手是否具有控制力。

二、中国电商市场，B2C 是 C2C 的未来发展方向

（一）中国电商的市场空间巨大

据统计，2014 年中国网络零售保持高速增长，全年网上零售额同比增长 49.7%，达到 2.8 万亿元。其中相关电商销售额占比如表 4-2-1 所示。

表 4-2-1　中国部分电商的用户市场份额比例

商家名称	用户市场份额
淘宝网	65.3%
天猫	13.5%
京东商城	11.9%
亚马逊中国	1.4%
当当网	1.3%
拍拍网	1.3%
唯品会	1.1%
1 号店	1.0%
凡客诚品	0.7%
苏宁易购	0.4%
其他	2.1%

2009 年，天猫（当时称"淘宝商城"）开始在 11 月 11 日举办促销活动，俗称"双十一活动"，当天销售额 0.5 亿元。2014 年"双十一活动"开始后 3 分钟交易额即突破 10 亿元，仅 38 分钟 28 秒即突破 100 亿元。

（二）B2C 是 C2C 的未来发展方向

据尚普咨询发布的《2013—2017 年中国网站市场分析及投资价值研究报告》显示，从中高端用户需求来看，更多的人喜欢 B2C，因为更有保障。

在美国、韩国、日本等网购起步较早的国家，B2C 的市场份额都远超 C2C。

在中国，随着网民年龄的整体成熟和对网络购物呈现出的主流化需求，B2C 业务超过 C2C 已是必然的趋势，个人网店是时候在继续坚守 C2C 还是转型 B2C 之间做出选择了。

1. 行政政策导致散户将被淘汰

2013 年 4 月 1 日，国家《网络发票管理办法》施行，很多媒体均认为国家此举是就网店征税进行的铺垫。

与征税相比，个人网店更关注的则是工商部门的"亮牌制度"，这个"牌"与现有的商业门户网站首页底端出示

"经营许可证"类似，该项制度或将促使所有经营性网店实现"店店有执照"的目标，预计 5 年内会在全国范围内得到推行。

其实，无论是网络发票，还是亮牌制度，其重点都不是征税，而是把网店纳入正常的监管范围，规范市场。

2. 售假事件消耗了消费者的耐心

当前网购的另一突出问题在于售假事件对消费信心的损害，涉事的多数商品都来自于个人网店，相比于"体制内"的 B2C 卖家，这些"体制外"的个人网店明显不够"安分"，加强监管只是时间的问题。

3. 自建物流到货速度快

据易观国际分析，目前国内大多数电商平台上的个人网店都将物流直接外包给第三方物流公司，以节省人力物力，由于目前中国物流行业整体服务水平相对较低，很难完全满足消费者的个性化需求，导致顾客投诉率居高不下。另外，因此造成的配送延误、信息泄密等问题，已经逐渐成为个人网店难以突破的发展瓶颈。

正因为如此，目前国内一些知名 B2C 网站，如京东、卓越、当当、凡客等，都建立了自己的物流体系，自建物流可以有效地树立 B2C 品牌，提升物流服务水平，加速

B2C 企业的资金流动。B2C 平台的自建物流体系成为 B2C 在竞争过程中赶超 C2C 的重要法宝。

（三）传统 C2C 电商已经开始布局 B2C

2012 年，中国第一大 C2C 平台淘宝网将 B2C 业务天猫独立出来，如今的天猫正在奋起直追淘宝的销量。

2013 年，中国第二大 C2C 平台腾讯拍拍网完成整合，并重点发展 B2C 商城 QQ 网购。

公开数据显示，2012 年淘宝网和天猫的销售额总和达到了 1.1 万亿元人民币，B2C（天猫）占据了 2 000 亿元，而 C2C（淘宝网）占据了近 9 000 亿元。

在 B2C 电商发展前景看好之际，数以万计的"淘宝散户"网店也开始选择不再"将鸡蛋放在同一个篮子里"，有些淘宝"大卖家"开始选择"出淘"，纷纷建立属于自己的独立 B2C 电子商务平台，而另外一大批"淘宝散户"则选择了"淘宝＋其他平台＋独立 B2C 网站"的运营模式。

总体而言，以淘宝网为代表的 C2C 依然在成长，"C2C＋B2C"的综合运营模式也使得各个层面的商家能够赚取越来越多的利润，个人网店群体的长尾效应仍旧将长期得到发挥，但传统大品牌厂商的电子商务化，间

接促使了全网电子商务运营时代的到来，也为国内其他
C2C 及 B2C 平台提供了前所未有的机会。

作者点评

长期以来，对"物美价廉"的产品的追求违背了基本
的商业规律：不管是何种销售渠道，理性的价格体系都应
该是"一分钱一分货"。4D 打印技术普及后，由于打印材
料、扫描仪等物资的高质量要求，个人网店由于其不专业，
将可能不再被消费者重点关注。

第 17 章

4D 打印，中国新一轮造富运动的起点

小故事

　　1980 年，温州的章华妹领取了中国第一张"个体工商户营业执照"，成为改革开放后第一个合法的个体户。

　　1980 年 4 月 18 日，新华社通稿《雁滩的春天》中提到：1979 年末，兰州市雁滩公社滩尖子大队一队社员李德祥家里有 6 个壮劳力，从队里分了 1 万元，社员们把他家叫"万元户"。从此，"万元户"的叫法在全国流行开来，并且成为二十世纪八十年代最时髦的词汇之一，"万元户"群体也成为当时社会上备受关注的"新新人类"。

　　这些成长为改革开放第一批"弄潮儿"的人，大部分却是当时社会上的"闲散人员"。主要原因是改革开放初期，个体经济还在恢复发展，人们的思想还不够开放，再加上传统观念的影响和解放后个体经济发展政策的变化，人们对个体经济的走势捉摸不透，认为说不定什么时候政

策又会改变，所以对个体经济抱着敬而远之的态度。据介绍，当时从事个体经营的主要是待业、闲散及退休人员，其中"社会闲散人员"数量最多。据档案资料记载，1982年，天津市河西区从事个体经营的有 793 人，其中"社会闲散人员"有 559 人，他们在零售、餐饮、服务等领域大展拳脚，很多日后成为了天津经济领域的风云人物。

一、中国新世纪造富运动，科技人才慢慢成为主力

（一）进入 21 世纪后的中国造富运动

2000 年至今，国内百亿级、千亿级富豪层出不穷，这一轮造富运动的主要动力是几个历史性的机遇。

1. 世界工厂

国际资本与中国廉价劳动力结合，西方市场向中国打开，很多民营制造业老板抓住这个机遇，由此身家十倍增长，成为亿万富豪。

2. 房地产市场化和矿产私有化

不动产和矿产的私有化和市场化促进了财富再分配，造就了一个空前的富豪集群，如今中国亿万富豪中近一半是房产商，其中身家最高的如王健林，如今资产已经超过

1 000亿元。

3. 人民币升值

国际热钱投机中国，助推了 2007 年的 A 股顶峰、2011
年创业板造富顶峰和 2013 年楼市顶峰。

4. 互联网强势兴起

2014 年阿里巴巴在美国上市，创始人马云以 218 亿美
元净资产，新晋成为中国首富。互联网的强势成为中国新
世纪造富运动最强劲的引擎，其前景值得期待。

（二）科技创新是未来的造富方向

1. 决定造富方向的三要素

造富运动历史的内在逻辑是：辅佐经济发展的优先政
策倾向取决于国家的最高决策层，而三大要素则影响着决
策层的方向：

通货膨胀：历届政府都严防恶性通货膨胀，治理通货
膨胀的关键是解决大量货币的去处问题。

失业率：失业率同样关系到社会的稳定，解决就业问
题的关键是推动经济持续稳定增长。

经济发展：经济发展关系到人民生活水平能否提高，
也关系到一国经济结构的变化。

2. 科技型经济，下一轮造富发展的方向

按照三大要素的逻辑思考未来决策层会选择的政策方向会发现，当前中国经济面临的主要格局如下：

通货膨胀：截至 2015 年 3 月，我国广义货币（M2）余额已突破百万亿元。尽管 M2 余额与通货膨胀没有必然关系，但相关专家指出，我国确实面临货币存量过多的问题，经济结构转型迫在眉睫。

失业率：由于经济处于转型之中，经济下行压力较大，就业压力也较大。

经济发展：投资作为推动经济发展的主要引擎已显乏力。目前中国已经出现了资源瓶颈和环境瓶颈，原有增长模式需要做出改变。

综合大多数学者和专家的意见，朝着欧美式的消费型和科技型经济方向发展，是中国下一次经济腾飞的重要方向。

二、4D 打印，中国未来新一轮造富运动的起点

目前，3D、4D 打印技术属于世界最前沿的科学技术，具有改变传统制造业的潜力，是第四次工业革命的标志，

有机会且有可能成为中国新一轮造富运动的发力点。

（一）3D 打印，潜在"造富神器"

科技的生命力在于消灭距离。3D 打印最引人瞩目之处在于缩短了想法和实物之间的时间距离，对很多期盼使用个性化产品的人来说，3D 打印机简直就是一台"造梦神器"。

从商业产业链来看，3D 打印也拥有其独一无二的优势：无需大型工厂、物流车队以及供应链建设，甚至没有关税，几乎无需任何中间人，订单根据需求量身定做，只要一台打印机、原料、软件和一张设计图，不需要存货和仓库。

中科院自动化研究所副研究员沈震在接受《羊城晚报》记者采访时称"3D 打印技术前景绝对是光明的。"虽然短期内其商业化应用可能不会有很迅猛的发展，但在未来五年、十年之后的发展速度将不断加快。3D 打印在小批量的个性化、订制类产品的制造上有很大的成本优势，特别是对部件精细程度要求较高的产品，使用传统的工艺制造技术反而要付出更高的成本。同时，3D 打印技术还可以让市场调查变得更容易、更精准，商家只要用 3D 打印机打印少量工业品模型然后放在店铺里展出，就可以直接测试出市场和消费者对产品的偏好。另外，个人 3D 打印机的普及化将是 3D 打印技术未来三年内的发展趋势。

（二）增材制造已经迎来政策风口

2015 年 2 月 28 日，工业和信息化部正式发布《国家增材制造产业发展推进计划（2015 年至 2016 年）》（以下简称《计划》）。《计划》指出我国增材制造产业的发展目标为：到 2016 年初步建立较为完善的增材制造产业体系，整体技术水平保持与国际同步，在航空航天等直接制造领域达到国际先进水平，在国际市场上占有较大的市场份额。

2015 年 5 月 5 日上午，在工业和信息化部举行的"2015 年中小企业信息化服务信息发布会"上，工信部中小企业司司长郑昕介绍，2015 年中小企业信息化工作将聚焦三大领域：除了加快推进智能制造以及为大众创业、万众创新搭建平台外，会议还特别提到了实施"互联网 +"行动计划，促进 3D 打印与传统产业有机结合。

（三）3D 打印概念股成为热捧对象

2015 年以来，3D 打印领域相关政策暖风频吹，研

究机构对该行业发展前景和市场规模持乐观态度，市场
资金对此保持了一贯敏锐的嗅觉，相关概念股频频成为
热捧对象。

光大证券：未来 3D 打印行业仍将保持高速增长，2018
年全球 3D 打印销售总收入将突破 100 亿美元，2020 年总收
入将达到 214 亿美元，年复合增长率达 32%。当前 3D 打印
技术、材料均已慢慢步入成熟，随着行业并购的持续和更
完美产品的诞生，"增材制造"相比"减材制造"的优势会
更加显著，年均 30% 的收入增速完全可期。

兴业证券：3D 打印政策面的现状可概括为"国外率
先，中国后起之秀"，发达国家进入政策密集期，将 3D 打
印推向制造业转型的风口；而我国 3D 打印产业政策后发优
势明显，政府提高了政策出台的频率，并全面统筹规划内
容，支持力度更大。2015 年对于 3D 打印产业是非常关键的
一年，产业政策扶持将迎来爆发期。

3D、4D 打印作为第四次工业革命标志性技术之一，
在"中国智造"中具有不可替代的地位，有望改变传统
制造企业的生产方式。尽管这一行业尚未成熟，重量级
的行业进入者在 2014 年已经频现，微软、惠普、欧特克
等巨头都计划在未来增材制造的巨大市场中占据重要地
位。在目前的 A 股市场上，尚未有以 3D、4D 打印为主

营业务的上市公司，但相关概念板块自年初以来涨幅可观，其中光韵达（300227）、银邦股份（300337）尤为突出，涨幅逾100％。有分析人士表示，《计划》的发布显示了政策规划注重实效的意图，因此相关 3D 打印上市公司在政策的支持下也将迎来长足发展，这也是其股票价格利好的根源。

作者点评

台风来了，猪都能飞起来。现在，我们正站在新一轮造富运动的超级风口上，你会放过它吗？

第 5 部分 | 4D 打印时代，中华民族伟大复兴

中华文明的伟大复兴如今正处于第三个阶段。

第一个阶段：从新中国成立开始，中国摆脱了半殖民地半封建社会的地位，中华民族在政治上"站起来了"。

第二个阶段：从全国改革开放开始，中国重新成为世界经济大国，中华民族在经济上"站起来了"。

第三个阶段：党的十八大以来，习近平主席在多次讲话中提出并深刻阐述了实现中华民族伟大复兴的"中国梦"。2013 年 10 月《在欧美同学会成立 100 周年庆祝大会上的讲话》中，习近平主席明确表示："全面建成小康社会，推进社会主义现代化，实现中华民族伟大复兴，是光荣而伟大的事业，是光明和灿烂的前景。"

如何利用 4D 打印技术，推动生产力的发展，促进产业转型升级，提升我国经济实力，提高人民生活水平，为中华民族的伟大复兴贡献力量，将是本章重点阐述的内容。

第18章
国际政治经济格局新变动

一、美国经济优势地位面临挑战

近年来奥巴马政府相继提出"重返亚太"和"亚太再平衡战略",美国将军事和外交重心东移到亚太地区。

奥巴马的国防政策遭到了美军方一些高层的指责和反对。美国前国防部长佩里和退役陆军上将约翰·阿比扎伊德领衔的国防小组发布报告称,中俄两国的联合让美军受到严峻的军事挑战,美军面临着同时打两场大规模战争的风险,该报告还批评了奥巴马的国防政策,称其将美国带入了险境。

表面上看,美国还是世界上最强大的国家,在经济上和军事上都具备远超中国和俄罗斯的实力,但因其将全球战线拉得太长,执著于世界霸主地位,导致深陷于伊拉克、叙利亚、乌克兰等地区问题的泥潭。

国际货币基金组织（IMF）的《世界经济展望》（World Economic Outlook）报告显示，以市场价格衡量，1969 年时，美国在全球收入中所占比例为 36%，到 2000 年时，这一比例降至 31%，随后该数字开始直线下滑，到 2010 年时，美国在全球收入中所占比例仅为 23.1%。在 10 年的时间里，美国在全球收入中的占比下滑了 7 个百分点。

2000 年时，中国的经济规模仅相当于美国的八分之一，目前这一比例已升至 41%，而且这还是基于当前汇率得出的数字。如果中国允许人民币汇率自由浮动，中国经济估值还将大幅提高。无论以哪种重要指标衡量，这种变化都可谓极其迅速。美国学者阿文德·萨勃拉曼尼亚（Arvind Subramanian）在其著作《大预测》中指出，到 2030 年，中国的经济地位将大大超过美国，位居全球第一。

二、欧洲福利负担仍旧沉重，主权债务危机影响深远

欧洲部分国家进入发达经济社会后，大幅提高国民待遇，社会保障全面铺开，国民幸福指数大幅攀升，消费水平居高不下，也很少有未雨绸缪的经济危机自我保护意识，因此，当欧洲国家的经济发展减速，乃至遇到经济困难之

时，从政府到民众都并未做好充足的应对准备。

除此以外，自 2009 年希腊债务危机开始的欧洲主权债务危机，给欧洲各国带来了深远的影响。欧盟委员会相关负责人称希腊危机为"二战后最严峻的危机"，并非危言耸听。一方面，危机可能扩散至爱尔兰、葡萄牙、西班牙、意大利，甚至比利时和法国，对欧元区的稳定造成严重威胁；另一方面，欧洲银行业可能难以抵御短期的巨大冲击，全球风险溢价的快速重新定价可能引发新一轮金融动荡，进而对目前复苏态势不稳固的世界经济带来新的冲击。

三、日本经济持续低迷

第二次世界大战后，日本的经济发展经历了战后经济恢复（1945—1955）、经济高速发展（1955—1972）、经济低速发展（1973—1990）和长期经济停滞（1991 年至今）这四个阶段。

2000 年前后，受美国 IT 繁荣的影响，日本经济曾出现过短暂的复苏迹象，经济增长率达到 2.9%。然而，2001 年美国 IT 泡沫破裂后，日本经济再次陷入停滞，2001 年度实际经济增长率仅为 0.2%。此后，日本经济从 2002 年初开始复苏，这一阶段持续到 2007 年，其间实际年均增长率为

1.5%，虽然不算高，但与 90 年代的年均 1% 的增长率相比提高明显。分析认为，这一轮复苏的主要原因在于"中国特需"，即由于面向中国的出口迅速增加，日本企业的开工率普遍提高。例如，钢铁产业在 2005 年甚至一度出现了供不应求的局面；机械设备订货也很旺盛，另外造船业、海运业也接满了订单，经济前景一度看好。

然而，进入 2008 年后，受国际金融危机影响，加之某些日本政府政要在历史问题上的一些不当做法和言论造成中日关系的紧张，导致日本经济在这一年名义增长率和实际增长率再次出现"双负"。日本内阁府公布数据显示，2008 财年日本经济实际增长率为负 3.5%，比速报数据下调 0.3 个百分点。

作者点评

中华民族要实现伟大复兴，必须"天时、地利、人和"俱备。在当前国际经济形势下，我国应聚焦自身内部的经济发展，重点关注和采用 4D 打印等先进技术做好企业转型和产业升级，不断提升自身综合国力。

第 19 章
4D 打印技术，改变世界格局的源动力

一、技术变革是改变世界格局的动力源泉

自 2008 年金融危机爆发以来，世界经济似乎一直没能走出低谷，尽管期间也曾多次试图反弹，但都因后劲不足而增长乏力。

历史反复证明，在全球经济陷入衰退乃至危机之际，正是新经济萌芽和新技术得以推广之时。全球经济之萎靡不振，似乎表明技术的变革将成为改变世界格局新的源动力。

目前最新的制造技术变革是什么？当属以 3D、4D 打印为代表的"智能制造"了！

二、4D 打印是未来的技术变革发展趋势

近些年来，对第四次工业革命的探讨一直未曾停止。美国学者杰里米·里夫金称，互联网与新能源的结合，将会产生新一轮工业革命——这将是人类继 19 世纪的蒸汽机、20 世纪的电气化、信息化之后的第四次工业革命。英国《经济学人》杂志也指出，4D 打印技术市场潜力巨大，势必成为引领未来制造业趋势的众多突破之一。这些突破将使工厂彻底告别车床、钻头、冲压机、制模机等传统工具，改由更加灵巧的电脑软件主宰，这便是第四次工业革命到来的标志。

以 4D 打印为最新发展方向的增材制造、快速成型等技术，是近 30 年来全球先进制造领域集光机电一体化、计算机技术、数控技术及新材料于一体的先进制造技术的杰出代表。不同条件下"自然生长"成三维实体的全新制造理念，将大大降低制造的复杂程度。理论上，只要在计算机上设计出结构模型，就可以应用该技术在无需刀具、模具及复杂工艺的条件下快速地将设计变为实物。该技术特别适合于航空航天、武器装备、生物医学、汽车制造、模具等领域中批量小、结构非对称、曲面多及内部结构复杂的

零部件或产品（如航空发动机空心叶片、人体骨骼修复体、随形冷却水道等）的快速制造，符合现代和未来的制造业发展趋势。

三、欧美日纷纷开始部署增材制造规划

事实上，由于 3D、4D 打印技术有着广阔的市场前景，世界各主要发达国家早已纷纷致力于发展增材制造技术。

美国：制定了完整的规划，希望利用增材制造技术重振制造业。从 2009 年制定的增材制造发展路线图，到 2012 年由美国国防部牵头组建的"国家增材制造创新研究院"不难看出美国力求通过突破数字化制造技术，实现"再工业化"，夺回全球制造业主导权的力度和决心。

欧盟：设置专项基金支持 3D 打印技术，分别在诺丁汉大学、谢菲尔德大学、埃克斯特大学建立了 3D 打印中心，其中埃克斯特大学得到欧洲区域发展资金的支持，获得 260 万英镑的投资，成立了"增量叠层制造中心"（the Center for Additive Layer Manufacturing，CALM）以推动英国西南地区及周边的经济发展。

日本：日本政府内阁会议 2014 年 6 月 6 日通过的《制造业白皮书》表示，将大力调整制造业结构，将机器人、

下一代清洁能源汽车、再生医疗以及 3D 打印技术作为今后制造业发展的重点领域。

作者点评

世界主要发达国家均已开始规划和部署 3D、4D 打印技术，希望为本国经济增长注入新的活力。作为追赶者，我们更不应该错过这个千载难逢的机会。

第 20 章
中国应借助 3D、4D 打印技术实现民族全面复兴

世界经济结构正面临深度调整，谁率先调整成功，谁就将占领经济发展新的制高点。美、欧、日等发达国家的经济调整包含很多举措，同时各国综合国力对比情况的变化也让各国间的竞争更激烈、更深入、更复杂，引发的利益调整以及世界经济秩序和治理方式的变革，都呈现出许多新的特点。

在这种情况下，中国如何充分利用 3D、4D 打印技术实现"中国梦"，进而实现中华民族全面复兴，值得我们深思。

一、中国"世界工厂"地位面临挑战

发达国家率先进行的经济结构调整，以再工业化为核

心，以绿色增长和智能增长为基本方向，以新能源技术和新一代信息技术为主要特征。发展中国家进行的调整则以将外部需求拉动为主转向内需推动为主，属于自我调整范畴。

这些调整反映了国际经济秩序的以下新特征：

第一，金融危机重新塑造全球分工格局。

世界经济结构调整的实质是国际再分工，是价值链位置的再调整，是国际利益的再分配。长期以来，美国、欧洲、日本是世界商品的主要消费国；以中国为首的亚洲国家承担着工业生产；拉美、非洲、中东、澳大利亚以及俄罗斯负责提供原料和能源。金融危机打破了这种旧的分工格局，各国都在想方设法提升自己在全球价值链中的位置，最终将导致世界经济再平衡，并将重建全球经济秩序。

第二、发达国家用"再工业化"应对"去工业化"。

金融危机主要是由实体经济和虚拟经济间的不平衡造成的，发达国家认识到不能过度搞虚拟经济，放任去工业化，要抓实业，特别是高端制造业。各国普遍制定新的发展战略，大力推进先进制造业，吸引前期转移出去的制造业回流国内。

第三、科技创新和产业转型处于孕育期。

世界经济正艰难复苏，要想彻底摆脱金融危机的阴影，需满足两个条件：首先要消化好前一阶段宽松的财政政策和货币政策；其次要有新的产业来带动经济发展。金融危机后，各个国家都采取了什么应对方式呢？这就跟一个人得了重病住院一样，要先输液，把病压下去。各国都往市场里投钱，挽救企业，搞量化宽松政策。市场上钱多了，企业有了资金，流动开了，慢慢就缓过来了。但要真正治好病，不能一直靠输液，最终要靠内生的抵抗力抵御疾病。对产业而言，这个内生动力是什么？就是新的技术、新的产业。下一步，世界经济的走势就要看新科技发展的趋势了。

科技的发展，将对世界经济产生深远的影响，带来"生产方式、销售方式、生活方式、工作方式"等的变迁，3D、4D 打印技术的推广，将改变了传统的"集中生产、分散销售"的产业模式。最终促成产业转型。

中国之所以成为"世界工厂"，缘于劳动力的优势。但 4D 打印技术将使得制造和维护的人工成本变得更低，甚至忽略不计。可以在离市场更近的地方生产，快速满足市场的个性化需求，减少运输环节的人力和费用。"分散生产、就地销售"会成为新的生产模式。

所以，有人说，如果中国不加快科技创新的步伐，第四次工业革命很可能终结中国的"世界工厂"的地位，这不是危言耸听！

二、目前国际竞争的三个层面

人们常说，国际竞争是综合国力的竞争。综合国力的竞争是多方面、多层次的。简要说，应该有三个层次：第一个层次是经济实力，标准是质量效益好、科技水平高、发展可持续；第二个层次是制度层面，即社会制度、发展道路、发展模式；第三个层次是文化层面，核心是价值体系。

（一）经济实力是竞争的基础

衡量经济发展既要看总量、看规模，也要看结构、看质量。目前中国在数量竞争方面做得非常出色，下一步的经济竞争，不仅要比数量，更要比质量。

随着中国实力的上升和经济地位的提高，原有的世界经济秩序和经济治理方式是不是要改一改？利益是不是要重新分一分？中国的话语权是不是要增加一些？答案是肯定的。同时，矛盾和冲突不仅不会少，反而会更多。如何以和平与合作的方式与其他主要大国重新制定国际事务的游戏规则，将成为中国面临的重大机遇与挑战。

向来争议颇多的美国著名中国问题专家沈大伟在其新著《中国走向世界：部分影响力》中写道：过去 30 年，分析人士一直在观察世界是怎样影响中国的，现在情形颠倒过来了，需要观察中国是怎样影响世界的。

（二）社会制度是竞争的焦点

经济竞争硝烟的背后，是社会制度、发展道路、发展模式的竞争。中国的发展取得了巨大的成就，任何人都否认不了，成功原因归根结底是由于中国坚持走中国特色社会主义道路。

一直以来，在一些西方人眼里，他们的制度才是最好的，世界各国都应该向他们学习，取他们的经，走他们的路。他们的逻辑是：西方化＝现代化。不走西方的路，就不会有现代化，这是典型的"西式傲慢"。

中国的成功，让我们有了更多的自信，也让西方一些有识之士开始思考中国发展模式的优势所在。许多国外知名人士认为，西方经济发展模式过度强调市场自由主义理念，导致盲目生产、过度消费和贫富分化，而中国的社会主义市场经济发展模式强调宏观调控，能够有效整合社会资源，提高资源使用效率，具有强大的生命力。

实际上，各国走什么路，一定要依据自己的国情，世界上没有一个固定的发展模式。习近平主席于 2014 年 4 月在比利时欧洲学院演讲时强调，独特的文化传统、独特的历史命运、独特的国情，注定了中国必然走适合自己特点的发展道路。中国共产党带领 13 亿人走中国特色社会主义道路，无疑是人类历史上最大的制度创新。

（三）文化层面是竞争的本质

目前世界各国更深层次的竞争，是文化层面的竞争，或者说是"软实力"的竞争。

文化是什么？见仁见智。一种比较普遍的观点是，文化是价值观和生活方式的体现。文化有两种表现：一种是有形的东西，一种是无形的东西。有形的东西如文字、建筑，艺术等；无形的东西指价值观、世界观、道德观等。从这个角度来说，文化是深入人心、被人们自觉或不自觉地信仰、遵循的东西。

文化软实力的竞争，本质上是不同文化所代表的核心价值观的竞争。当然，文化竞争不是文明冲突，文化竞争是让自己的文化强大起来，让自己的文化更具有吸引力和融合力。有人说过，科技不强，一打就垮；文化不强，不打自垮。国际竞争，最终还要靠文化的力量。

文化是民族的血脉，是人民的精神家园。中华民族的伟大复兴，也必然是文化的复兴。目前中国是文化大国，但远远不是文化强国。

文化强国至少要具备以下几个条件：

具有坚定的共同价值观和思想力量。

具有强大的创新能力和创新活力。

具有文化包容性和文化多样性。

文化产业发展好、影响大。

中国文化还存在一个和世界交流的问题。2014 年，美国总统奥巴马视察好莱坞，他对"梦工厂"的人们说："感谢你们让 50 亿没有到过美国的人知道了美国电影里的经典台词，你们在工作中输出了我们的价值观，这是我们的外交工具。"同样，讲述中国故事，传播中国声音，展示中国形象，具有重大现实意义。习近平主席在联合国教科文组织总部的演讲中深刻阐述了中国的文明观，指出，文明是多彩的，文明是平等的，文明是包容的，我们要大力推动文化事业发展，让人们在持续的以文化人中提升素养，让文化为人类进步助力。

2013 年年底，中共中央办公厅印发了《关于培育和践行社会主义核心价值观的意见》，强调要践行核心价值观倡

导的"24字"；2014年2月，习近平主席主持政治局集体
学习时强调，要深入挖掘和阐发中华传统文化讲仁爱、重
民本、守诚信、崇正义、尚和合、求大同的时代价值，使
中华优秀传统文化成为涵养社会主义核心价值观的重要
源泉。

三、借助 4D 打印，实现中华民族的伟大复兴

中国科学院院长、党组书记白春礼指出，"制造业数字
化"已经开始应用在设计领域，对中国目前的制造业即将
造成冲击。而"中国3D打印技术产业联盟"等的成立，也
标志着中国从事3D打印的科研机构和企业从此改变了单打
独斗的不利局面，避免重复投入和恶性竞争，有利于尽快
建立行业标准。既可集中展示我国3D打印技术的良好形
象，也便于探索研究4D打印技术，还有利于加强政府间或
各国企业间的广泛交流，从而更好地推动数字化制造和智
能制造的自主知识产权技术成果实现转化。

推进3D、4D打印技术的发展，对增强我国工业创新能
力、提升工艺制造能力、带动相关产业链发展、破解工业
发展与资源环境困局、培育新兴产业及优化产业结构等具
有极其重要的战略意义。

（一）有利于提升我国工业制造与研发创新能力，加快创新型国家体系建设

由于 3D、4D 打印技术专注于产品形态创意和功能创新，在"设计即生产""设计即产品"的理念下，大大扩大了新品的创新空间，改变了过去的制造模式，缩短了开发定型周期，实现了产品快速响应制造。例如，采用传统生产方式，新品从设计到投产的周期最短也需要一两个月。由于 3D、4D 打印技术简化、省略了传统制造中的工艺准备、样品试验等环节，产品数字化设计、制造、分析高度一体化，新产品开发时间将减少 50% 以上。

（二）有利于简化我国工业产品的生产过程，提高生产效率

运用传统生产模式，一个复杂工件在设计的过程中首先要注重功用性，同时还必须考量生产设备、加工工具、技工技术、工件误差率等诸多因素。

以 3D、4D 打印技术在发动机制造中的应用为例，运用 3D、4D 打印技术，生产难度系数降低，省略了车、铣、磨、刨、钻、焊、锻、铸等环节，不需要考虑主客观条件的制约，这样不但节约了人力成本，也避免了工伤意外事

故的发生。而且 3D、4D 打印工艺不需模具、工装、卡具、刀具等工具和相关生产设备，同时还能够与传统的制造工艺实现集成，优化和提升复合制造工艺能力，从而大大降低生产成本，缩短生产周期，取得良好的综合效益。

（三） 符合建设节能环保型社会的要求

近年来，随着我国经济的不断发展，资源浪费、环境污染等问题日益突显。节能环保产业已成为国家着力培育和扶持发展的战略性新兴产业之一，符合节能环保要求的 3D、4D 打印技术将成为我国未来转变发展方式、调整经济结构的必然选择。

比如要生产一个发动机零部件，按照传统生产工艺，通常先进行铸、压成型，接着采用削、切、打、磨等"减材制造"的加工方法，同时受损零部件必须返工处理，由此造成了大量原材料的浪费。而 3D、4D 打印技术具有"按需用料"的特点，另外 4D 打印技术还具备成品大型零部件在特殊情况下自行修复再制造的特点，普及后将大大降低物料的浪费，实现可持续发展。目前利用 3D 打印技术生产的电路板等电子器件取消了传统的压膜制版、光刻蚀和镀膜等工艺，减少了 80% 以上的传统工序和设备，粗略估算节约了 50% 的原材料。

（四）有助于推动实现更高质量的就业，形成新的经济增长点

要贯彻劳动者自主就业、市场调节就业、政府促进就业和鼓励创业的方针，就必须实施就业优先战略和更加积极的就业政策，必须引导劳动者转变就业观念，鼓励多渠道多形式就业，促进创业带动就业。

3D、4D 打印技术与现有的服务业紧密结合，能够衍生出许多新的细分产业、新的商业模式，创造出新的经济增长点。例如，自主创业者通过购置或者租赁低成本的 3D、4D 打印设备，利用电子商务平台提供服务，为消费者定制生活用品、文体器具、工艺装饰品等个性化产品，形成一个大规模的文化创意制造产业，并增加社会就业机会。

（五）有利于优化产业结构，促进产业升级

第一，发展 3D、4D 打印技术能够形成和培育 3D、4D 打印装备制造业与相关服务新产业，包括零件委托加工、专业设计分析、反求工程、数据转换等服务，形成"装备—服务—产品"的完整产业价值生态。

第二，有助于带动金属和功能材料制备、设计/控制

软件开发、激光器/喷嘴等核心元件研发、创意设计与创新设计等相关支撑产业发展，打破国外技术、元器件的垄断。

第三，能够进一步推进网络化协同制造、定制化制造、专业制造服务、绿色制造模式发展，从而促进生物制造、高端制造装备产业发展，促进产业升级和结构优化。

作者点评

推进 4D 打印技术的发展，对增强我国工业创新能力、提升工艺制造能力、带动相关产业链发展、破解工业发展与资源环境困局、培育新兴产业及优化产业结构等都具有极其重要的战略意义。

第6部分 | 4D打印，
我们应该做好哪些准备？

　　至此，我们基本上了解了什么是4D打印技术，也意识到了4D打印技术将会推动第四次工业革命的到来，将会帮助我国传统企业顺利过渡到"互联网＋"时代，甚至将会帮助中华民族实现全面复兴。

　　那么，为了迎接4D打印时代的到来，我们应该做好哪些方面的准备？

第 21 章

国家应为 4D 打印保驾护航

尽管中国早已成为全球制造业第一大国，但中国制造业长期积累的深层次矛盾日益突出，资源环境约束不断呈现，劳动力成本趋于上升，发展方式仍较为粗放，经济增长的质量和效益不高，内生动力不足。

中国工信部前副部长苏波曾认为，如果中国能把握住增材制造技术的研发和应用趋势，这一技术将有效解决上述问题，成为新的经济增长点。

若要实现以上目标，必须加快推动 3D、4D 打印技术研发和产业化。为此，国家应加强顶层设计和统筹规划，加大财税政策引导力度，适时筹建 3D、4D 打印行业组织。

一、增加 4D 打印科研投入，建立 4D 打印技术标准

继美国、德国、以色列等国最早涉足 3D 打印后，澳大利亚、英国、日本、中国等国争相发展。根据目前情况，在 3D 打印方面欧美发展最好，亚洲、大洋洲紧随其后。

（一）资金投入是欧美国家 3D 打印领先的原因

2007 年至 2013 年期间，欧盟第七框架计划为 60 个 3D 打印联合研究项目提供了支持，总计投资 1.6 亿欧元（若包括私人投资，总额达 2.25 亿欧元）。英国很早就推出了促进增材制造技术发展的政策，2007 年，在英国技术战略委员会的推动下，英国政府计划在 2007 年至 2016 年期间，投资 9 500 万英镑用于 3D 打印合作研发项目，其中绝大多数项目为纯研发项目（仅 2 500 万英镑用于成果转化）。荷兰、意大利也为本国 3D 打印工厂投资了数千万欧元。

（二）垄断技术标准是欧美提前占领 3D 打印市场的手段

3D 打印行业突飞猛进的发展，让美国最大的标准组织 ASTM（美国材料与试验协会）也迅速跟进。2014 年

ASTM 曾公告其将很快公布一项与 3D 打印有关的新建议标准——《关于金属粉末床熔融满足严格质量要求的实践（Practice for Metal Powder Bed Fusion to Meet Rigid Quality Requirements）》（WK46188），该建议标准将概述在操作和制造用于增材制造的粉末床熔融设备时的要求，并将作为 3D 打印服务商使用粉末床熔融技术制造零部件和制造商生产相关设备的参考，以供他们制订自己的技术指引。

另外，在此项公告公布的不久前，ASTM 相关分会还批准了 ASTM F3091（8 月）和 ASTM F3049（7 月）两项与增材制造相关的标准。ASTM F3091 即《塑料材料粉末床熔融规范（Specification for Powder Bed Fusion of Plastic Materials）》，是塑料材质粉末床熔融技术的书面标准，它规定了使用增材制造技术制造的聚酰胺零部件的最终使用性能，如机械性能、公差、表面处理和后处理等。ASTM F3049 即《用于增材制造工艺的金属粉末表征属性指引（Guide for Characterizing Properties of Metal Powders Used for Additive Manufacturing Processes）》，直接面向在汽车、航空航天和医疗等领域使用金属粉末进行增材制造的企业和用户。

（三）中国应增加 4D 打印技术科研经费投入，并尽快提出成熟的技术标准

目前 4D 打印技术仍停留在研发阶段，为紧随甚至领导将来的 4D 打印技术潮流，中国应该增加 4D 打印技术科研经费投入，并将其投放于前期已经开展了 3D 打印技术研究的高校和研究机构，利用其前期 3D 打印技术研究的基础，推动我国 4D 打印技术的进步，同时设立定期验收机制，尽快推动出台 4D 打印技术标准，掌握 4D 打印材料、设备等方面的话语权。

二、搭建 4D 打印商务平台，培育 4D 打印产业重点企业

目前欧美国家的桌面 3D 打印机普及程度较高，而在中国、印度、南非、巴西、阿根廷等新兴市场，3D 打印市场还处在萌芽或起步状态，未来前景普遍看好。

（一）组建联盟扶植企业，尽快实现研究成果转化为产出

德国：在 3D 打印领域目前处于全球领先地位，这得利于德国 3D 打印联盟对这一技术的大力推广。"弗劳恩霍夫

增材制造联盟"是德国较为著名的 3D 打印联盟之一，由 10 个著名研究所组成，该联盟不仅为初入 3D 打印行业的企业提供合适的解决方案，还投入了数千万欧元的资金用于基础研究，此外，该联盟在大规模 PPP 项目（公私合作模式）中取得的研究成果提供给所有成员企业使用。

美国：2013 年，在俄亥俄州成立了 "America Makes" 联盟，主要通过会议、培训、项目征集等方式推广 3D 打印技术。联盟成员有大学、研究机构、公共机构和私营公司等。该联盟获得了 8 900 万美元的资金支持，其中 5 000 万美元来自公共投资。截至目前，该联盟已成功培训了 7 000 名 3D 打印领域的专业技术人员，并生产了具备自主知识产权的增材制造产品。

欧盟：在 "地平线 2020" 计划（2014—2020）框架下，一些新的 3D 打印研究项目将继续得到支持，一些应用于商业领域的 3D 打印项目也将纳入计划。此外，欧盟还将成立一个欧洲 3D 打印技术平台，为 3D 打印行业的企业分享信息、提供技术和经济方面的解决方案或进行指导。欧盟还将支持一些 3D 打印成果转化中心的建设。

中国：从 20 世纪 90 年代起研发 3D 打印技术，目前，清华大学、北京航空航天大学、西安交通大学、华中科技大学等研究机构与一些相关企业已经在 3D 打印设备和材料领域取得了一些研究成果。2012 年 10 月，中国 3D 打印技术产业联盟成立。2013 年，首批 10 个中国 3D 打印技术产业创新中心相继开建。

（二）中国如何搭建 4D 打印商务平台

1. 培养 4D 打印技术专家和技术人才

我国应该尽快在清华大学、北京航空航天大学、西安交通大学、华中科技大学等已经对 3D 打印开展了系统研究的高校内增设 4D 打印课程，未来视情况增设增材制造相关专业，培养 3D、4D 打印技术的专家和人才。同时鼓励部分职业院校和培训机构增设 3D、4D 打印培训课程，尽快培养出一批熟悉 3D、4D 打印技术的操作人员。

2. 培育扶植 4D 打印产业重点企业

在中国 3D 打印技术产业创新中心和 3D 打印产业园中增加 4D 打印技术研究机构和制造企业的进驻，方便就近取材，培育扶植 4D 打印产业重点企业。

3. 推动高校 4D 打印研究成果产业化

中国的 3D 打印技术的发展和国外有一点不同，那就是我国从事 3D 打印技术研究的资源主要集中在高校，很多 3D 打印公司都是以学校的研发资源为依托成立的，曾因此被称为"学院派"。而在国外，大企业在 3D 打印的技术研发和市场应用方面则发挥了很大的作用，比如美国的 GE 公司和德国的西门子公司，均在 3D 打印领域投入了大量的资源。GE 公司已将 3D 打印技术应用于制造超声波设备中的超声波探头以及飞机发动机的零部件；西门子也开始采用 3D 打印技术制造燃气轮机的金属零部件。

从历史的发展来看，高校对于我国 3D 打印技术的发展起到了积极的作用，高校科研人员是中国 3D 打印技术研究与开发的先锋，而且是自主技术产业化的勇敢探索者。但"学院派"在发展过程中也面临着一些现实的挑战，其中一个很大的制约因素是人才问题。由于 3D 打印的技术性很强，且具有改变企业设计和生产模式的潜力，因此往往需要和企业的高层对话，但是既懂技术又懂经营的经理人却很稀缺。这些问题在 4D 打印时代一定要重点关注，避免再次出现。

三、4D 打印严防侵权[一]

3D、4D 打印技术不仅对传统制造模式产生了影响，也

[一] 本部分参考《3D 打印中的专利权保护问题》，《知识产权》2014 年第 7 期，作者吴广海。

给专利权的保护带来了困难，使建立在传统制造模式之上的专利法面临严峻的挑战。如何应对这一挑战，在不阻碍技术进步的同时，维护专利权人利益，构建专利权人与社会公众之间新的利益平衡关系，是我国未来大力发展 4D 打印的背景下，关于专利权保护必须要面对的问题。

（一） 专利面临的挑战

1. 增材制造时代的侵权行为土壤

第一，侵权成本大大降低。传统制造产品一般要经过技术准备阶段（包括产品设计、工艺设计等）、基本生产阶段（包括毛坯制造、零部件制造等）以及相关辅助生产阶段。其中，每一个生产阶段都需要投入一定的技术、资金、机械设备等，这使得制造侵犯专利权的产品也要投入一定的成本，同时，复杂的工序还要求有组织化的生产，使得个体常常难以对专利产品进行批量制造。某种意义上，传统专利法对专利产品的保护方式的基础就在于制造专利产品的成本较高。所以即使专利权人公开披露其技术（设计）方案，实际侵权行为的形式还需侵权者具有一定技术、人力、生产等方面的条件。

相比传统制造，借助 3D、4D 打印技术制造物品的过程大为简化。打印者使用 3D 打印机对设计文档进行打印就可以将受专利权保护的产品制造出来，工序简单、操作容易，这使制造侵权物的成本大大降低，不仅一般厂商可以做到，个人打印者也可以轻易做到。专利产品将变得易于复制或再造，加大了专利侵权发生的可能性。

第二、侵权可能性大大增加。网络环境下，数字化专利产品的传播变得极为容易，3D 打印者很容易下载专利产品的设计文档并进行打印，从而增加专利侵权现象的可能性。这样，传统专利法依赖于物理限制来阻止侵权发生的假定被 3D、4D 打印技术所瓦解。如果说传统环境下的专利侵权多属于个体性或区域性行为，那么网络环境下的 3D、4D 打印使得专利侵权可能成为群体性行为。在网络技术的影响下，3D、4D 打印技术的普及使得大规模专利侵权的风险大大增加。

2. 现有专利法可能失效

3D、4D 打印时代，侵犯专利权的产品可通过打印设计文档而获得。打印者取得受专利权保护物品的设计文档一般有以下途径：第一，通过 3D 扫描仪扫描专利产品；第二，自行设计；第三，接受他人制作的受专利权保护物品的设计文档。按现有专利法，制作和传播专利产品的 CAD 文档不构成专利法意义上的"使用"行为。而销售专利产品的 CAD 文档也不构成专利法意义上的"销售"行为。

按照现行法律，专利产品的 CAD 文档的制作者、销售者、传播者并非是专利侵权者，专利权人无权制止他人制作、销售、传播其专利产品 CAD 文档的行为，而上述行为极易诱发 3D 打印中的专利侵权行为。

3. 专利权人维权困难

在发生专利侵权的情况下，专利权人维权十分困难，主要表现在以下几方面：

首先，专利侵权行为更分散。面对众多的侵权者，专利权人维权成本较高。

其次，专利侵权行为更隐蔽。3D、4D 打印技术使得复制专利产品简单易行，并不需要传统意义上的厂房、机器设备等也可以完成。

（二）立法保护 3D、4D 打印的著作权

3D、4D 打印产生的专利侵权问题类似 20 世纪 90 年代中期网络环境下的著作权侵权问题，当时伴随着互联网技术的发展，数字化的电影、音乐等作品在网络上被迅速传播、复制，严重侵犯了著作权人的权利。

为应对网络环境下新型的著作权侵权方式，美国于 1998 年通过了《数字千年版权法案》（DMCA），有效地保

护著作权人的利益，对各国网络环境下的著作权保护起到了示范作用。

为保护 3D、4D 打印产品专利权，根据 3D、4D 打印中专利侵权的特征，可以借鉴网络环境下著作权的保护方式对专利产品进行著作权保护。

1. 将专利产品的设计文档规定为著作权意义上的作品，著作权属于专利权人

尽管我国学界对受知识产权保护物品的 3D 打印设计文档是否属于著作权法意义上的作品尚存在争议，但 3D 打印中的设计文档本质上可以看成是为施工及生产绘制的工程设计图、产品设计图，这一属性与我国著作权法关于"图形作品"的界定是一致的，因而 3D、4D 打印专利产品的设计文档可视为"图形作品"，受著作权保护，专利权人为著作权人。

但值得注意的是，在 3D、4D 打印背景下，只有受专利权等知识产权保护的物品的设计文档才能视为著作权法意义上的作品，而不能将所有物品的设计文档都视为著作权法意义上的作品。因为，如果将那些不受知识产权保护的物品的设计文档视为著作权法意义上的作品，其著作权属于该物品设计文档的制作者或扫描者，权利人就可以获得该设计文档制作、复制、信息网络传播等方面的控制权，这

将限制社会公众对相关不受知识产权保护的物品的打印，损害社会公共利益，同时，也间接阻碍了 3D、4D 打印技术的扩散和社会效益。

2. 引入著作权保护中的"通知—删除"规则

美国《数字千年版权法案》核心是"通知—删除"（notice-takedown）规则，指著作权人在发现网络上出现侵权材料时，可以通知在线服务提供商（也包括互联网服务提供商）对相关侵权材料进行删除。在相关侵权材料非由在线服务提供商制作或其不清楚传播内容的情况下及时删除，可使在线服务提供商免于承担侵权责任（即"安全港规则"）。如果相关材料的上传者认为其上传材料不构成侵权，删除是错误的，则其可以向在线服务提供商发出要求恢复相关删除材料的"反通知"。在线服务提供商无需为按"反通知"采取的"恢复"行为承担法律责任。而"通知—删除"和"反通知"规则的滥用者将承担相关的法律责任。

"通知—删除"和"反通知"规则较好地平衡了著作权人与社会公众的利益，我国著作权法也对"通知—删除—反通知"规则作了类似的规定。

为防止权利滥用，专利权人应对其"删除"通知负责，同样，上传者也应对其"恢复"通知负责。因而在"通知—删除"及"反通知"规则下,网络服务提供者对"删除"或"恢复"行为并不承担责任,仅当相关侵权产品是由网络服务提供者上传或其在知道涉嫌侵权的情况下仍接受他人上传时网络服务提供者需承担侵犯专利权人相关专利产品著作权的责任。

作者点评

目前,3D 打印正面临资源投入、法律结构等方面的限制,相信未来的 4D 打印技术同样将面临这些问题。要想充分发挥 4D 打印技术优势,实现产业转型升级,国家必须为之提供相应的发展保障,如加大资源投入以及研发和应用力度、制定法律保护从业者利益等,否则将极可能会出现"一步落后、步步落后"的局面。

第 22 章

4D 打印，从"中国智造"到"中国创造"

2015 年，国务院发布《中国制造 2025》，被称为我国实施制造强国战略第一个十年期行动纲领，纵览这一纲领性规划，"智能制造"无疑是一个绕不开的关键词。

《中国制造 2025》提出，要以推进信息化与工业化深度融合为主线，以智能制造为主攻方向。智能制造工程也是规划明确实施的五大工程之一。向"智造"迈进是中国制造由大变强发展的重要方向。

《中国制造 2025》涉及到万千企业、亿万人民的工作与生活。中国企业究竟应该怎么做，才能适应未来的"智能制造"时代？同样作为"智能制造"标志技术的 3D、4D 打印，又要求中国企业提前做好哪些准备？

一、甩掉"世界工厂"的帽子

2014 年，经济增速的放缓给市场带来了不小的压力。国家信息中心专家委员会主任宁家骏坦言，对于中国制造业企业来说，2014 年是艰难的一年。劳动力等资源要素成本增加、产能过剩及全球经济的疲软制约了企业的发展。低端制造加速从中国向其他低成本国家转移，高端制造向发达国家回流形成的"双向挤压"蚕食着中国"世界工厂"的地位。

这样的形势给很多中国企业带来了不乐观的因素，但这既是挑战，也是机会，因为只有这样，中国企业才能意识到转型升级是中国制造业的当务之急，且转型方向必须高度一致，那就是向智能制造进军。只有这样才能令中国企业具备更强的竞争力，才能更好地适应 3D、4D 打印时代"智能制造"的要求。

（一）提升产品技术含量和附加值

长期以来，我国企业沿着"靠资源、靠劳力"的道路谋求发展，在这段时间内，劳动密集型产业成为中国制造业发展的主要模式典型特征。

2000 年后，我国制造业利润率的增速开始放缓，行业利润增速和收入增速间的差距越来越大。尽管中国制成品在世界市场上的份额趋于上升，但中国出口的仍然是低附加值的产品。

科技创新是企业发展的不竭动力，如果不能坚持科技创新，即使有一时的效益，甚至偶尔实现了高速的增长，企业也不可能持续生存和发展。为迎接 4D 打印时代的到来，企业应敢于大胆采用和尝试 3D 打印新技术，甚至采用和尝试 4D 打印新技术，并逐步从跟踪模仿发展到自主创新，在生产中不断改进技术，并最终取得相关专利和自主知识产权。

前期，国内外很多企业之所以巨资投入研发领域，建立研发中心，就是为了能够不再受制于人，使企业拥有自己的核心技术，更好地以市场为导向，生产高附加值的产品，以提高企业核心竞争力，以便在日趋激烈的市场竞争中站稳脚跟。

（二）逐步建立自有品牌

我国的品牌建设起步较晚。在计划经济时期，企业和消费者并不理解品牌的丰富内涵。进入市场经济后，我国的产品多数属于劳动密集型或资源密集型，技术含量较低，导致品牌知名度不高。

从总体上来看，我国的品牌建设和品牌竞争力与发达国家还存在较大差距。品牌所带来的影响力是巨大的，品牌可以扩大产品的影响覆盖面，能够让企业长远发展。有了自主品牌，参与市场竞争的能力就将显著提高。

因此，4D 打印时代，中国企业再也不能满足于简单的生产和下游的加工，而是要把 4D 打印产品塑造成为有影响力的、能够参与市场竞争的 4D 打印知名品牌，塑造 4D 打印品牌差异和 4D 打印品牌个性，提升 4D 打印品牌价值和顾客忠诚度，运用新的品牌策略和营销手段创造具有精神价值、个性魅力和持久市场影响力的 4D 打印知名品牌。

（三）产业链向两端延伸

随着产业本身的逐渐成熟和全球经济危机的影响，各国制造业的竞争更为激烈，世界上大多数制造企业纷纷采取各种措施，例如实施服务化经营以及差异化战略，以期在严酷的竞争中脱颖而出，这也成为世界制造业企业提供优质服务的内在动力。

制造企业适当地提供和完善产品相关的服务，主要是为了主动占据 4D 打印产业链中的有利位置所作的战略选择。通过提供更多服务，将过去由消费者承担的行为内部化，制造商由此可以进入产业链的邻近位置，通过"空间的扩张和重构"寻找到新的商业机会，更好地适应 4D 打印时代"行业间界限更加模糊、企业跨界现象普遍"的行业格局。

另外，在 4D 打印时代，我国彻底实现短缺经济向过剩经济的转变，中国制造业必须向产业链的上下游发展，只有这样，才可以有效提升制造企业的竞争力，促进中国制造业服务化的发展。

（四）提高自身研发设计能力

中国制造业要向"中国智造"转变，创新技术的应用是制胜的关键。

目前，中国在计算机、网络、信息技术等高科技领域，已具备与世界先进水平同台竞争的实力，尤其是中国电子商务的发展几乎与世界同步，在某些方面甚至居于世界领先地位。

中国电子信息产业发展研究院院长罗文指出，信息技术所带来的产业发展方式的变革将为中国制造带来发展红利。根据历史经验，在这种产业变革窗口期，跟随者如果战略举措得当有力，能够实现后来居上。当前，我国制造业在相当一些领域与世界前沿科技的差距都处于历史最小时期，有能力并行跟进这一轮产业变革，实现转型升级。

世界知名制造业企业中有很多都借助网络和信息技术平台实现了商业利润目标，尽管目前中国制造业本身的发展水平较低，但由于 4D 打印与互联网的密切相关性，中国制造业可以依托网络和信息技术所搭建的更为先进、更为广阔的平台，大大缩小与世界制造业水平的差距。

面对 4D 打印技术的高要求和激烈的市场竞争，企业面临的竞争压力可能主要来源于自身研发投入的不足。跨国公司一般都将收入的 5% 或更高比重的资金投入到研发上，而目前中国企业中能达到这一国际标准的可谓凤毛麟角，加之中国制造业劳动力成本相对低廉的优势正日益受到周边国家的冲击，单纯依靠劳动力成本、原材料成本的比较优势已经无法为中国企业赢得未来。

因此，中国企业必须在 3D、4D 打印技术上投入更多的资源，更快地提升自身创新能力，提高产品质量。

（五）建立企业现代管理制度

管理是企业的灵魂，企业的生存与发展取决于管理水平的高低。随着国际市场竞争的日趋激烈和中国企业对管理认识的不断深入，越来越多的中国企业意识到粗放型管理的诸多弊端和对企业的不良后果，纷纷向更为科学、有效的精细化管理方式转变。

精细化管理，在宏观层面体现为企业战略的精心、企业决策的精当、企业运作的精明；在微观层面体现为制度体系的严实、业务流程的优化、过程控制的严格、工作作风的严谨。只有上下统一，一以贯之，全面落实，全员到位，企业才能在精细化管理中加快增长，持续发展。

（六）重视人力资源管理

在重视知识与信息的 4D 打印时代，人力资源成为知识储备、信息积累的重要主体，专业人才的竞争将成为中国企业在国际竞争中胜出的关键，关注人才的发现、利用、储备和开发是中国企业当前发展面对的最核心问题。

目前，中国企业发展过程中面临的资金短缺、规章制度不完善、政策体系不完善等诸多问题，有自然因素的限制，如领导者的管理意识与竞争观念、企业员工的整体素质与人才结构、社会与时代赋予的使命等；也有人为因素的限制，如先进管理思想的学习不足、有效的激励制度尚需建立和完善等。因此，中国企业必须要不断摸索自身发展中存在的问题，以人为本，完善企业的人力资源管理体系，才能使企业的管理水平不断走向信息化、知识化、现代化。

（七）拓展和创新商务模式

4D 打印时代，创新是企业持续发展的源泉。值得注意的是，企业的创新不仅局限在产品、技术、市场、流程创新等领域，商业模式的创新随着 20 世纪 90 年代中期互联网在商业界的广泛应用，也日益受到企业的重视。

商业模式的核心是"价值创造模式"，基于互联网的新型企业的出现，变革了传统的企业价值创造模式，显示出强大的竞争力，亚马逊等平台型企业的出现就是典型例子。

另外，商业模式创新并非新型企业的专利，传统企业也可以利用新兴技术（如互联网、移动互联网、物联网等）改造自身的商业模式，开创新的盈利机会。

二、"中国创造"才是中国企业的未来

改革开放以来，我国制造业迅速发展，一跃成为我国国民经济的支柱，并使我国成为全球制造业基地。然而我国制造业的繁荣主要依靠劳动密集型的加工组装行业，经济附加值较低，同时还面临着贸易摩擦与高能耗、低产出的重重困境。

为了实现从"中国制造"向"中国创造"的战略转变，我国制造企业必须通过提高产品创新能力向国际制造产业价值链的前后两端扩展。"中国智造"是从"中国制造"向"中国创造"转变所必经的过渡阶段，要实现"中国创造"，首先要实现"中国智造"。

"中国智造"的核心是在国内自主研发能力不强却拥有广阔市场的情况下，通过与国际接轨、整合产业链的方式改变中国企业在全球商业体系中扮演的角色，达到共赢未来的目的。

"中国创造"是我国企业未来发展的必然趋势，也是必然选择。只有拥有更多的"中国创造"，才能从根本上提高我国的综合国力，才能在国际竞争中拥有更多的话语权，才能进一步改变我国制造业产业和企业的国际形象。

作者点评

虽然从"中国制造"向"中国制造"的转变过程可能充满曲折与挑战，但凭借我国企业优良的素质、进取的精神以及背水一战的决心，"中国制造"向"中国创造"的转变终将"水到"而"渠成"。正如本书最开始所言，在"二维"产品基础上添加了"时间维度"特征的 4D 打印，也必将给中国制造业提供一个弯道超车的机会！

参考文献

［1］ 杨劼，金占明．4D 时代的选择［M］．管理学家，2013，04：063—066

［2］ 邓甲昊，王萱．4D 打印：一项左右未来世界产业发展的革命性技术突破［M］．科技导报，2013，31（31）：11—11．

［3］ 科普森，库曼．3D 打印：从想象到现实［M］．赛迪研究院专家，编译．北京：中信出版社，2013．

［4］ 吴怀宇．3D 打印：三维智能数字化创造［M］．北京：电子工业出版社，2014．

［5］ 罗军．中国 3D 打印的未来：中国 3D 打印产业化发展权威指南［M］．北京：东方出版社，2014．

［6］ 王伟．看懂世界格局的第一本书［M］．上海：上海交通大学出版社，2013．

［7］ 陈根．4D 打印：改变未来商业生态［M］．北京：机械工业出版社，2015．